奄美の長寿料理

—手しおにかけた伝統食—

三上絢子

南方新社

中華人民共和国
朝鮮民主主義
人民共和国
北京
大連
ピョンヤン
大韓民国
ソウル
青島
黄海
釜山
札幌
日本
東京
大阪
太平洋
伊豆諸島
福岡
熊本
鹿児島
上海
小笠原諸島
奄美大島
東シナ海
沖縄
300km
500km
火山列島
琉球諸島
台北
1000km
台湾
沖ノ鳥島
マニラ
フィリピン

序文

奄美諸島一帯は、健康と長寿の島として名高い。その秘訣は、何といっても奄美固有の伝統的な食べものと食べ方にあるだろう。照葉樹林の繁る森林からの山の幸、亜熱帯の豊かな日照と降雨で旺盛に育つ野の幸、目の前に広がる珊瑚礁をもつ海浜「イノー」からの豊かな海の幸。自然と人々の協働でつくり出す豊かな食材を使った日々の食事に、季節と共にめぐり来るさまざまな祭りや行事、家族の祝い事などのハレの日の料理が加わり、変化に富んだ食文化が息づいている。

本書『奄美の長寿料理―手しおにかけた伝統食―』は、そうした奄美諸島に受け継がれている伝統的な郷土料理を大きなスケールでダイナミックに捉えるとともに、個々の料理の作り方に至るまで仔細に記述して、その全貌を浮かび上がらせた労作である。

奄美の歴史は、古くは琉球王朝、その後近世に入ると、薩摩藩の支配のはざまに揺れ動いてきた。海上の要衝として栄え、さまざまな文物・文化の流入も、人の交流もあったが、そのはざまで奄美は、奄美としての独自の固有の文化をつくり出してきた。食文化も同様であり、しかもこれは地域の自然と共にある農漁業に根差す食文化であるので、いっそう固有のものが育まれたともいえるであろう。

著者三上絢子さんは、この十数年以上をかけて奄美の島々をめぐり、日常食やハレの日の献立、それらの料理の食材の生産から加工、調理方法、保存方法などの聴き取り調査を丹念に行ってきた。そして本書の執筆に当たっては、奄美から食材を取り寄せ、奄美市名瀬で暮らした日々に母親がつくっていた家庭料理や正月や節句などの行事食を自らすべて調理して写真に撮り、本書に掲載している。

三上さんといえば、奄美諸島に伝わる「諺（ことわざ）」を集め、それらの奄美の方言に標準語で詳細な解説をつけた『奄美諸島の諺集成』（南方新社、2012 年）の偉業を成し遂げたことでご存知の方も多いと思う。諺収集の折にも著者は、それぞれの地に伝わる風土に根差した食文化について聴き取ることも忘れなかった。その成果が本書の記述を幅広いものにしている。

日本の多くの地域がそうであるように、地域の自然環境と歴史に育まれた伝統的な郷土料理の食事は、第二次世界大戦以前の数十年間に一つの成熟した時期を迎えた。名瀬で育った著者は、小学校低学年で敗戦を迎えるまでの幼少時、まさに成熟した伝統食文化を満身に受けて育った。自然の食材の味も調理法も体にたたき込まれていると、本人はいう。そして、その間に培われた健康な身体が、貯金を使うように今日に至るまで著者を支えてきた、と。五感による体得がいかにだいじなことか。これは、今日の「食育」にも通じる鉄則であろう。

戦中から敗戦直後、日本は未曾有の食糧難に見舞われた。奄美も例外ではなく、著者は、そうした経験も身に負っている。奄美には、土地に合った救荒植物としてソテツが繁っているが、その赤い実を晒して粉にし、粥にして食べた。今では土産物にもなっている「ナリ味噌」は、ソテツの実を材料にした味噌である。

奄美では、敗戦から日本に行政権が返還される1953年までの8年間、本土とは異なる米国海軍による占領が続いた。それまでの本土からの物資の移入も途絶え、奄美は苦境に立たされた。だが、その中で人々は地域で穫れた食べものを持ち寄って永田橋に集まり、それは「永田橋市場」として活況を呈していく。青果物をはじめ、穀物、海産物、乾物、加工食品などの店舗が軒を並べ、食堂もあって賑わっていた。

著者は、前著（経済学博士論文）『米国軍政下の奄美・沖縄経済』（南方新社、2013年）で、そうした人々の活力と豊かさの源泉となった「永田橋市場」について、「豊かさの原点」であると、復元図を作成している。軍政下という特異で困難な時代にあって、人々はたくましく生き抜いた。奄美の伝統食文化は、このような時代をくぐり抜けてなお、連綿と受け継がれてきたのである。

本書は奄美の伝統食文化についてのものだが、健康や長寿に資する食事や食べ方には、地域を超えた共通性もある。それぞれの他の地域で、地域の食と農（漁、猟）の歴史を振り返り、地域の自然と共にある食文化を再認識し、普及し継承していってもらいたいということも著者の強い望みである。本書は、そうした著者から未来への大きな贈り物である。

2016年8月

國學院大學大学院経済学研究科教授　久保田　裕子

はじめに

奄美諸島（以下・奄美）は、海に囲まれ緑茂る山々から成り、人々は豊かで温暖な風土に育まれてきた。また、小宇宙的な社会環境に適応した諸々の文化を先人達より受け継いでいる。特に食文化は風土に適した食材生産や流通、加工と保存、季節による献立の知恵を継承してきた。

祭りが多く、中でも稲作の豊穣感謝と、それを祈願する年中行事は、毎年盛んに各集落ごとで行われ、まさしく盆と正月が一諸に来たようなハレの日の伝統郷土料理を準備する。御祝い事も例えば、誕生、入卒、合格、結婚、新築、歳の祝い等々、実に多い。おもてなし料理の献立には地場の山海の食材を用いる。

著者の食に関わる深い記憶に、第二次大戦が激しくなった小学校低学年の時、市内中心地の背後の山頂に避難小屋を建て、終戦まで自給自足の生活をした頃のことだ。小屋の前に小川が流れ、山と川の自然の恵みで食料を補完することができた。例えば、川のサイ（川エビ）、筍、自然芋、野イチゴ、ほうとう（果樹）、ソテツの実、薬膳の野草などである。

終戦後、小学校の教室は米軍配給の使い古したテントで、バケツなどを雨漏りの雨うけに使うようなものであった。給食に出された初めて食する脱脂粉乳とコッペパンというアメリカの食文化に馴染めなかったことが、小学校低学年の強烈な思い出である。

幼い頃の食べ慣れた郷土食と異国の食文化との違和感から、郷土の自然食材を用いた伝統的な郷土料理に対する思い入れがさらに深まったものだ。

情報化社会の進展とともに食に対する需要も多様化して、いつでも、どこでも、欲しいものが入手できる時代となっている。だが、自然と共存した食文化は、人の健康維持に密接な関わりがある。

本書は、この貴重な伝統的な食文化を後世に継承することを目的としている。奄美の伝統的な食文化を中心に、食材、調理法、食材の保存法、加工食品、日常の献立、ハレの日の献立などを扱っている。

奄美では集落をシマと呼称しているが、奄美諸島全域で 290 の大小の集落があり、それぞれが独自性のある食文化を確立している 1)。例えば、同じ地域でも沿岸の集落と山間の集落では食材、味付け、盛り付け、配膳方法にいたるまで異なり、奄美の郷土料

理と一括りにはできなことが、奄美の食文化の特徴である

伝統食文化は、奄美に限らず、日本の南から北のどこの地域にもあり、そこの風土に育まれた自然食材は、そこで生活する人々の健康維持に必須であり、とりわけ季節の旬の物は重要である。

我が家は、母親が奄美大島、父親が徳之島の出身、生活空間は奄美中心地の名瀬のために日常食は母方の集落の傾向をもった標準的な奄美の郷土料理、ハレの日の料理は父方の慣習を取り入れ、特に正月の献立は古式に従った儀礼的なものであった。このように多様な郷土料理を食する環境にあった。著者を育んだ幼少期の郷土料理の食感はしっかり五感に刻み込まれている。

本著に掲載してある料理写真は、材料を奄美から取り寄せて調理し、さらに、年配者からの聞き取り調査、奄美の食材と調理法で商っている店、集落の農家が生産した有機食材を取り扱っている店の実態調査によって、名瀬を中心に他の集落の特質ある食文化も扱っている。

本著の構成は、奄美大島地域の風土に適応した伝統的な食文化と、人の生命を維持する健康食について取り上げている。

タイトルを『奄美の長寿料理―手しおにかけた伝統食―』とした。先人から伝承された、まさしく風土にかなう身土不二の食、医食同源の食文化、医者いらずといわれた郷土の食文化を、次の世代に繋ぐおもいを込めて、このタイトルを用いた。

なお、本著の料理写真は、全て著者が奄美から食材を取り寄せて作り、その他の写真も出典が明記されてないものは、著者が撮影したものである。

三上　絢子

註

1）奄美諸島の集落数は、平成 27 年現在、奄美市 81（名瀬地区 51、住用地区 12、笠利地区 18)、龍郷町 15、大和村 11、宇検村 13、瀬戸内町 22、加計呂麻島 24、請島 2、与路島 1、喜界島 31、徳之島 43（徳之島町 15、天城町 11、伊仙町 17)、沖永良部島 41（和泊町 21、知名町 20)、与論島 6。（資料『奄美群島の概況』平成 27 年度）

奄美の長寿料理─手しおにかけた伝統食─　もくじ

【海藻の料理】

【野菜の料理】

【豆、豆腐を使った料理】

【芋を使った料理】

【米を使った料理】

【麺類の料理】

第１部　奄美諸島の豊かな食材と医食同源

奄美のイノー　　撮影・著者

奄美の自然食材

風土が育んだ食材

作物は、奄美ならではの特徴があり、島ウリは普通のキュウリより大きく、夏の郷土料理には欠かせない。ナブラ（ヘチマ）は、島ウリよりは細く柔らかく、炒めものなどに用いる。ホロ豆は50cmくらいの長さで、インゲンを柔らかくした感触で、和え物、汁物、炒め物などに用いられる作物である。

フル（ニンニク）は、葉の方が様々な郷土料理に用いられる。シブリ（トウガン）は煮物や汁物に用いられ、ツバサ（ツワブキ）は、自生していて煮物には欠かせない食材である。また、茹でた後、乾燥して保存食として用いる。

地場産作物が並ぶ「永田橋市場」の八百屋の光景。撮影・著者

筍は多種類あり、季節によって入れ替わるように穫れるダーナ（コサンダケ）は、多様な料理に用いられる。クワイは、田イモの葉柄で、茹でて煮物や和え物に用いられる。芋ツルは、茹でて炒め物などに用いる。

コシャマン（自然芋）は、白と紫色（紅色）があり大型の芋である。茹でて、うす味付けで食べる、また、自然芋の紅白が御祝い事などに用いられる。

写真の八百屋の店内は、上からバナナが吊るされ、シブリ（トウガン）、トゥチィブル（カボチャ）、キャベツ、マコモ、筍、厚揚げ、茹で切り干し大根、ニガウリ、高菜漬物、田イモ、ナス、ネギ、生姜、芋、ダラギ（タラノキ）、クビギ（ツルグミ）などが、ところ狭しと並べられている。

表１　奄美の主な作物

穀物	米、胡麻、シイの実、ソテツの芯（ソテツの実）、栗
野　菜	ハンダマ（スイゼンジナ）、フダンソウ、タカナ、キャベツ、シュンギク、大根葉、大根、ニガウリ、島ウリ（キュウリ）、ナブラ（ヘチマ）、トゥチィブル（カボチャ）、シブリ　（トウガン）、センナリ（ハヤトウリ）、スイカ、人参、ゴボウ、オクラ、ナス、パパイヤ、クワイ（田イモの葉柄）、芋ツル、トウモロコシ、
野　草	ツバサ　（ツワブキ）、フツ（ヨモギ）、長命草（ボタンボウフウ）、ニガナ（ホンバワダン）、ノビル、アザミ、野イチゴ、クワの実
キノコ類	椎茸、木耳、ハテオサ（畠海苔）
豆　類	ジマメ（落花生）、大豆、ソラマメ、島アズキ、ホロ豆
筍　類	ダーナ（コサンダケ）、カンザンチク、マーデ（マダケ）、マコモ
イモ類	田イモ、里芋、コシャマン（自然芋）、サツマイモ、ジャガイモ
ネギ類	センモト、ワケギ、ニラ、フル（ニンニク）、ラッキョウ
果　物	島バナナ、島ミカン（タンカン、ポンカン、花良治ミカン）、トケイソウ、スモモ、バンシロ（グワバ）、パパイヤ、ホウトウ（フトモモ）、ビワ、イチジク、ドラゴンフルーツ

長命草（ボタンボウフウ）

長命草は、セリ科の宿根草で、カルシウム、カリウムのミネラル類やアミノ酸を多く含む。海岸に自生していて、風当たりの強い厳しい環境に生育しているので、生命力が強いといわれている。健康祈願に神にささげた植物として、長命草とよんでいる。

厚みのある葉で、高さは 20cm くらい、茎が紫色、ボタンの葉に似ていることからボタンボウフウともいわれている。1 回食べると 1 年寿命がのびるといわれる。

胡麻和え、おひたし、味噌汁などに用いられる。

長命草(ボタンボウフウ)

ハンダマ（スイゼンジナ）

ハンダマは、奄美やトカラ列島ではハンダマと呼び、他の地域では「春玉」「金時草」などとも呼ばれている。

葉の裏は濃い緑色、裏は赤紫色で、高さ 50 ～ 60cm ほどに群生する、キク科の多年草で独特のヌメリがある。調理は、おひたし、和え物、天ぷら、炒め物に用いる。

栄養素は、鉄分、ビタミンA、カルシウム、マグネシウム、ナトリウムなどが豊富に含まれている。

葉の裏の赤紫色に含まれているポリフェノールに抗酸化作用があるといわれ、生命力の強い植物である。

ハンダマは､小さい枝をコップにさしておくと根が出てくる。それを土に戻すと育つ。花鉢に移すと根を張って生長が早い。

ハンダマ

栽培・ハンダマ

フダンソウ

フダンソウは、砂糖原料となるテンサイ（ビート）の仲間である。

調理は、豚肉との炊き合わせ、茹でて酢味噌和え、炒め物などに用いられる。鉄分、カルシウム、亜鉛などのミネラルを豊富に含んでいる。

茹でたり、煮たり、炒めたりはすばやくすること。

フダンソウ

大根

大根

大根は、多様な調理に適した食材で、炊き合わせ、おろして焼魚に添え、千切りして味噌汁の具、ふろふき、おでん、なます、サラダ、漬物と用いられる。淡白な食材であるが多様な食材と相性よく組み合わせることができ、特に煮物には欠かせない常備食材である。

大根は、おろして食べると酵素のジアスターゼ、グリコターゼなどが含まれ、皮や根に近い部分にビタミンＣ成分が豊富に含まれている。

大根の葉

大根の葉は、ビタミンＡ、Ｂ１、Ｂ２、Ｃ、カリウム、ナトリウム、リン、鉄分、葉酸などのビタミン、ミネラルを豊富に含む栄養的に優れた滋養食材である。

大根の葉

大根の間引き葉

大根畑の間引きした葉で、柔らかく、塩もみして即席漬物、炒め物、おひたし、味噌汁などに用いられる。

大根の間引き葉

ニガウリ（ゴーヤ）

ニガウリは、ウリ科植物で真夏に穫れる。苦みはモモルデシンという成分で胃の調子をよくし食欲増進の効果がある。ビタミンCを多く含む。調理は、主に炒めものに用いられる。

ニガウリ

島ウリ（キュウリ）

島ウリは、奄美で栽培されている在来キュウリで島ウリと呼ばれており、果実はまるまると太めの円筒形で径が 9 ～ 10 cm、長さ 25cm、重量 700 ～ 800g。島ウリの特徴は、さわやかな風味と淡白な味で歯ごたえがある。酢の物、酢味噌和え、炒め物、汁物の具などに用いられる。

島ウリ（キュウリ）

ナブラ（ヘチマ）

ヘチマは、奄美ではナブラと呼ばれ馴染まれた食材である。一般的にヘチマといわれる大型の物とは異なり、食用として長さ約 20 ～ 30cm、キュウリよりやや太めの形で鮮やかな濃い緑色で皮が固い。

料理には、ナブラの味噌炒め、汁物の具などに用いられ、調理法は皮を剥ぎ取り、1 ～ 2cm くらいに切る。

ナブラ（ヘチマ）

トゥチィブル（カボチャ）

トゥチィブルは、大型の抱えるほどの作物で保存に適している。煮物、天ぷらなどに用いられる。栄養的にカロチンを豊富に含み、ビタミンＢ１、Ｂ２、Ｃ、鉄分、カルシウムに富む。カロチンはビタミンＡ効果があるといわれる色素で、粘膜を強化し、体を温める効果があり、栄養補給に最適な食材である。

トゥチィブル(カボチャ)

シブリ（トウガン）

シブリは、貯蔵性の高い作物で、冷暗所で数カ月は保存ができる。煮物、酢の物、和え物と用途がある。調理には皮をはぎ中のわたを切り取る。鍋に水を入れ、だしと調味料で味付け30分くらい煮る。

栄養的には、カリウム、カルシウム、ビタミンＣを含み、肥満予防に効果的といわれるサポニンや抗がん作用を含むトリテルペンの成分を含むといわれている。利尿作用や老化防止の効果もある。

シブリ(トウガン)

人参

人参は、煮物、炒め物、酢の物と用いられ、栄養素も豊富に含み、特にカロチンが多く、ビタミンＢ１、Ｂ２、鉄分、リン、カルシウムなどを含んでいる。

人参

パパイヤ

パパイヤの乾燥保存は、皮をむきスライス、あるいは千切りにして、天日で二日ほど干してから密封した袋などに入れて保存する。利用するときは5時間くらい前に水につけてもどす。

青パパイヤは、パパイン酵素を含み、さらにキモパパイン、カルパインと様々な豊富な乳白の酵素が含まれている。この酵素は医薬品に指定されており、メディカルフルーツと呼ばれ、胃酸による体内によくない有害物質を死滅させる働きがあり、また解毒効果があるが、食べ過ぎには注意が必要である。青パパイヤは採って3日くらいが酵素の効果もあり、それ以後は酵素の効果はないといわれる。産地で食べるのがいいことになる。

クワイ

クワイは、田イモの茎で、皮をむき茹でて料理する。炒め物、酢味噌和え、胡麻やジマメの砕いたものなどと和えるなど、調理される。

茹でて干せば、いつでも食べられる。

クワイ

芋ツル

芋ツルは、サツマイモの茎の部分で、調理すると歯ざわりのある美味しい食材である。皮をむいてアク抜きのために水につけ、すじを取り除いて茹でる。炒め物、味噌汁の具、和え物などに用いる。

芋ツル

ツバサ（ツワブキ）

ツバサは、野草の一種で、沿岸地の斜面や草原に多く自生している。2～7月頃、ただし気候変動によって採取時期は異なる。新芽の時期に採り、湯がいて皮をむき、水につけておくとアク抜きにもなる。乾燥保存食でいつでも用いることができる。さまざまな食材と組み合わせて調理ができるが、特にツバサ（ツワブキ）の煮物は、大晦日には欠かせない一品である。

ツバサ（ツワブキ）

ニガナ（ホソバワダン）

海辺に自生している。寒くなるころには黄色の花をつけるキク科の植物で、苦い葉が特徴。火をつかうと苦みが減少する。茹でて、おひたし、酢味噌和えなどにも用いられる。

ニガナ（ホソバワダン）

ノビル

草原、田や畑の畦、河原の土手に自生している。春に薄紫の花をつける野草で、葉や鱗茎を食べる。

ジマメ（落花生）

ジマメは、保存に最適な食材で利用法も多様。炒って食べる、料理にくだいて用いる、お茶うけ用の味噌に混ぜ合わせる、ジマメ豆腐、加工食品に用いるなどである。殻つきを茹でて食べる場合もある。

ジマメ（落花生）

ジマメは、栄養素を豊富に含んでいる食材で、蛋白質、カリウム、カルシウム、鉄分などのミネラル分、ビタミンＢ１、Ｂ２、また若さの素といわれるビタミンＥを豊富に含んでいる健康食品である。

大豆

大豆

奄美には、戦前戦後と豆腐屋の数が多く、手作業で石臼で時間をかけて大豆を砕いていた。そのためオカラには大豆の欠片が多く含まれ、炒め料理として美味しく食べられた。また、大豆は、味噌つくりに欠かすことができない栄養食材である。

栄養的には、良質の蛋白質の含有量が多く、アミノ酸の組み合わせが動物性の蛋白質と同様である。

栄養素と効能効果は、ビタミンＢ１、ビタミンＢ６、カリウム、カルシウム、鉄分、イソフラボン、サポニンを含み、動脈硬化予防、肝臓病改善、整腸作用がある。

小豆

小豆

小豆は、日常的に小豆粥、赤飯、ぜんざいの食材として利用される。祝いごと、菓子には欠かせない食材である。

小豆には、ビタミンＣ・ビタミンＢ１・Ｂ２を含み、食物繊維が整腸作用を持ち、健康維持に大切な食材である。

ホロ豆

ホロ豆

ホロ豆は、さやが柔らかい状態を食べる作物で、さやの中に豆が 16 個あり 16 ささげとも呼ばれる。さやの長さは 30 ～ 40cm が食べごろである。

奄美ではホロ豆と呼び、茹でて炒め物、おひたし、胡麻和え、煮物、汁物の具として用いられる。

効用は、ビタミンＥ、植物繊維が豊富に含まれ、美肌効果がある。

筍

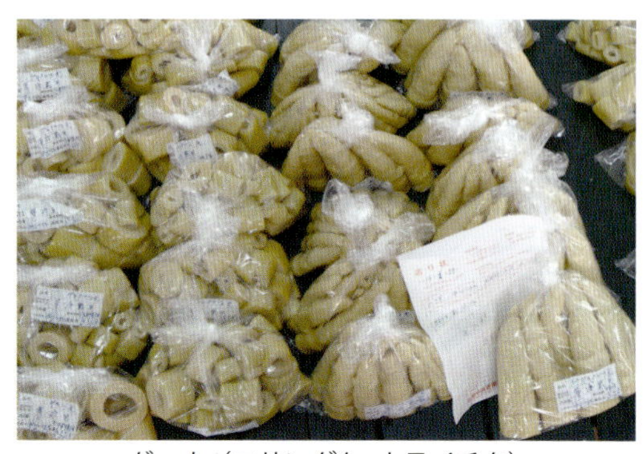
ダーナ（コサンダケ・ホテイチク）

筍は、野草の一種で種類も多く、穫れる時期も３～８月と種類によって異なり、茹でて好みの調理で食べる。また、煮物には欠かせない食材である。塩漬けで保存をする場合もある。

ダーナ（コサンダケ・ホテイチク）・時期４～５月、カンザンチク・時期５～６月、マーデ（マダケ）・時期６月、シカクダケ・時期晩秋、カンチクと種類が多い。それぞれ料理の用途で旬の味覚が味わえる。

マコモ

マコモは、マコモダケ。湿気のある沼地に自生する。イネ科の多年草で高さが１～３mになる。癖がなく柔らかく、筍に似た歯ごたえ甘味がある。

天ぷら、焼き物、炒め物、味噌汁の具に用いる。また、中華料理では多種類の料理に用いられている。

マコモは、皮をむいてななめ切りにして、冷凍すると便利である。

台湾では、皮ごと茹でた熱々のものが食卓にのり、皮をむきながら食べる。トウモロコシに似た甘味と香りがする。

マコモを料理用にカット

マコモを皮つきで茹でる

茹でたマコモ

胡麻

ビタミンE・鉄分・カルシウム・マグネシウム・アミノ酸が含まれており、健康維持や美容上も優れた食材である。

胡麻は、和え物、サラダ、漬物、煮物などに用い、すり胡麻は、主に和え物など、好みで食材と組み合わせ、いろいろな料理に用いる。

胡麻

すり胡麻

里芋

里芋

里芋は、煮物に最適な食材で、調理する時は水で洗い水気を取ってから皮を剥ぎ、塩でぬめりを取り、好みの調理をする。里芋はアミノ酸を豊富に含み、また、風味も優れている。

保存は、土が付いたまま新聞紙などに包み、冷暗所におくとよい。

茹でて塩を付けて食べるのもおいしい。

サツマイモ

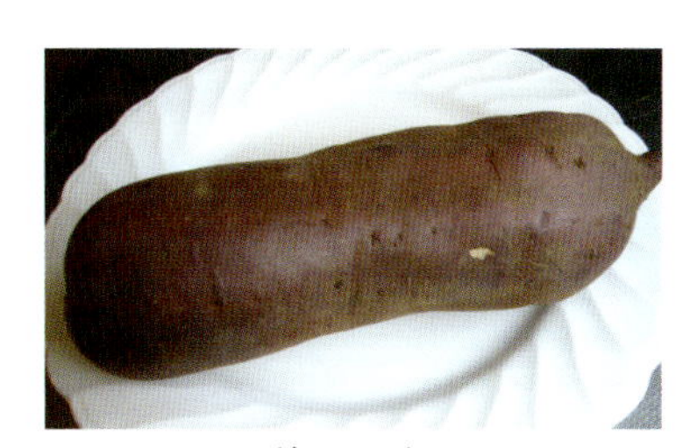
サツマイモ

サツマイモは、戦後の食糧難の時代には主食として貴重な食材であった。その後も米との組み合わせの調理、里芋との組み合わせ、天ぷら、味噌の加工、ミキの加工などにも用いられる貴重な食材である。

主成分はデンプンで、加熱することで糖質に変わり甘味が増す。加熱しても壊れないビタミンCや繊維質を含み、肌あれによく、疲労回復効果がある。

フル（ニンニク）の葉

フルの葉は、ビタミンＢ１の吸収を高める硫化アリルを豊富に含み、さらにカロテン、カリウム、ポリフェノールが皮膚や粘膜を強くする効能があり、含まれているビタミンＣによって抗酸化作用がある。フルと同様にミネラル、鉄分、カルシウム、アリシンが豊富で、疲労回復や風邪予防、殺菌効果もある。調理では、炒め物、汁物の薬味、即席漬けなどに用いる。

フルはよく乾燥させ、かけらを浅く植えると芽が出る。栽培しやすい作物である。葉が 10cm くらいになると、摘まんで薬味などに用いる。外側の葉を摘まむと、次々に芽が成長する。

フル（ニンニク）

フル（ニンニク）の葉

ラッキョウ

ラッキョウは、においの中に硫化アリルを含み、ビタビンＢ１の吸収を高めて、血液を浄化し血行をよくし、循環器系の機能を正常化する働きをそなえている。

風邪、胃のもたれ、不眠、狭心症による胸の痛み、神経痛にも効用があるといわれている。

島バナナ、タンカン

島バナナは、小さめで甘く皮が薄く香りがよいという特徴がある。タンカンは実がしっかりして独自の甘味がある。左のバナナが 3 日目には右のように食べごろに。

島バナナ・トゥチィブル（カボチャ）・シブリ（トウガン）

左上・パイナップル、左下・熟れたパパイヤ、中央・ドラゴンフルーツ・マンゴー、右上・青いバナナ、右・ニガウリ、右下・ナブラ（ヘチマ）、手前・島ミカン

グワバ（バンシロ）
グワバはピンク系がおいしい。

タンカン
タンカンは冷蔵庫の野菜庫で３カ月くらいは味も落ちず、保存できる。

南島雑話

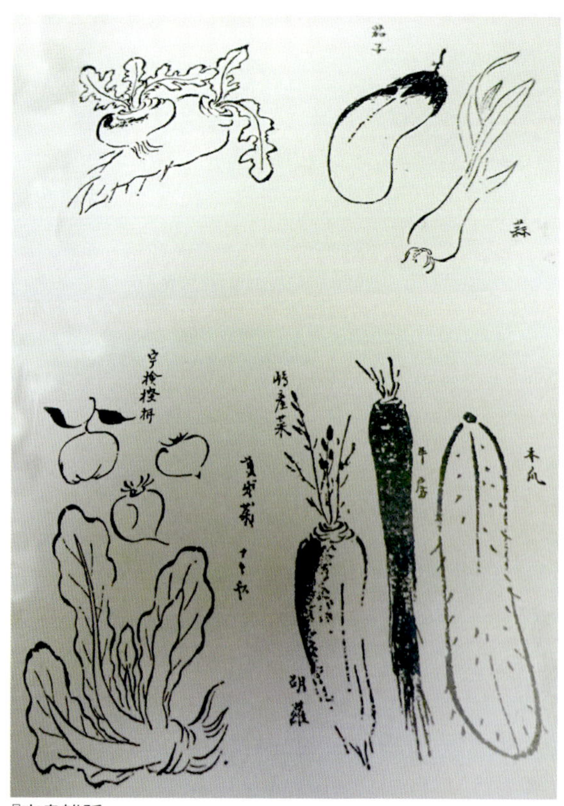

『南島雑話』

「朝食は五つ時より、昼は八つ時、夕は夜入り過なり。朝は汁、皿あり、昼は汁まで、夜は汁、皿あるなり。打寄食事に及ぶの時刻は、何も家も暮過る頃なり。皿は鮮魚、塩肴、時々の有無に随ふ。それに時節の野菜を大切にして加へ煮るなり。大方大根、里芋、牛蒡、南瓜、茄、シブリ、ヒル、筍等、小さん、金竹、唐竹なり」と『南島雑話』に記述がある。[1] 三食の献立や客寄席のおもてなし郷土料理の材料には、野菜の数々が挙げられている。

作物の旬の収穫時期は、台風銀座といわれるように暴風雨が多い地域なので、気象の関係で大幅に時期が左右される。年配者達は経験から生み出された知恵で、食べ頃を見分けることができた。[2]

表2　旬の自然食材のこよみ。収穫月は前後する可能性がある。

月 / 食品名	4	5	6	7	8	9	10	11	12	1	2	3
ハンダマ	●	●	●	●	●	●	●	●	●	●	●	●
フダンソウ	●	●	●					●	●	●	●	●
ナブラ（ヘチマ）				●	●	●						
島ウリ		●	●	●	●	●	●	●	●	●	●	
ニガウリ	●	●	●	●	●	●	●	●	●	●		
ツバサ（ツワブキ）	●	●	●	●						●	●	●
クワイ	●	●	●	●	●	●	●	●	●	●	●	●
シブリ（トウガン）		●	●	●	●	●	●	●				
ジマメ（落花生）				●	●	●						
小　豆					●							
胡　麻				●	●	●	●	●				
パパイヤ				●	●	●						
ダーナ（コサンダケ）	●	●										
フル（ニンニク）	●											●
フル（ニンニク）葉							●	●	●	●		
生姜								●	●	●		
ラッキョウ	●	●	●	●	●							

表作成・著者

海の豊かな食材

わが国は、四方八方を海に囲まれた国土であるが、奄美の島々は、特に海との関わりが深く、人々の食生活においても大きな影響を及ぼしている。奄美の場合は、漁船が揚場に着いて間もなく新鮮な魚類が生活者に届くシステムがとられてきた。

鮮魚専門の新川さんは「早朝の行商は、家々の朝食に間に合うように時間との戦いでもありました。また、船が夜にも港に着くので、魚はブイン（鮮度）が大事ですから、永田橋の橋周辺で船の到着時間によっては、夜9時から11時頃まで販売しました」と述べている。

表3　海の食材

鮮　魚	赤魚、アカズ（赤ウルメの大）、赤ウルメ（グルクン）、カマス、アヤビキ（オヤビッチャ）、カツオ、ヤチャ（カワハギ）、シビ、キビナゴ、キハダ、サワラ、サバ、タチウオ、トビウオ、タコ、ネバリ、ヒキ、ズーズル（ヒキの大）、シチ（イスズミ）、ハネグロ（ネバリの一種）、カンパチ、スビ、エラブチ（ブダイ）、マグロ、ブリ、キハダ、ハマチ、サバ、メバル
タ　イ	マダイ、イズミダイ、アマダイ、赤万ダイ、黒万ダイ、シロダイ、チダイ、マツダイ、コロダイ、キンメダイ
マ　ツ	クロマツ、アカマツ、シロマツ、ギンマツ、青マツ、サオマツ、シーマツ、ドンコマツ
カジキ	黒皮カジキ、メカジキ、マカジキ、バショウ
イ　カ	水イカ、トビイカ、コウイカ、スルメカ
エビ・蟹	赤エビ、アヲエビ、セデエビ、赤テゴサ（エビ）、アサヒ蟹
海藻	スノリ（モズク）、フノリ、イギス、アオサ（ヒトエグサ）、海人草

資料・奄美漁協　表作成・著者

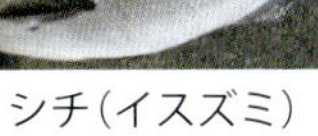

シチ（イスズミ）

アヤビキ

右3列　上・ハマフエフキ、
中央・ホオアカクチビ、
下・ロクセンフエダイ

アジアコショウダイ

ウメイロ

クマササハナムロ

キハダ（マグロ）

シイラ

センネンダイ

ヨコジマサワラ　3)

カツオ

カツオは、初ガツオが季節を知らせ、刺身が食卓を明るくする。やがて本格的に鰹節加工がはじまる。

カツオ

コウイカ

コウイカ（モンゴイカ）のように大きく厚みのあるものは、さっと茹でて水きりをし、短時間だけ味噌漬に用いたり、また天ぷらにしたりする。

赤ウルメ（グルクン）

赤ウルメは、内臓を取り除いた一匹を、そのままから揚げや網焼きにする。また、白身魚の切り身は網焼きにして吸い物などに用いる。鮮魚は、ぶいん（活きがある）といい、魚汁に用いる。

赤ウルメ

エラブチ（ブダイ）

エラブチは、熱帯の海を彩るエメラルドグリーンの美しい魚である。刺身が最高に美味しいことから、「エラブチさしみ」といわれる。一方、皮がすこぶる厚く調理困難なカワハギ類のことはヤチャと呼ぶ。奄美でかつては、言いつけを守らないヤンチャな子供を「煮ても焼いても食えないヤチャ」といい、たしなめていた。ちなみにエラブチは煮たり焼いたりしては不味い魚でもある。

エラブチ

シュク（アイゴの幼魚）

シュクのような小魚は、保存用として塩辛に加工する。また、イカの塩辛やカツオの塩辛も家庭で作られている。シュクは海を黒くするほどの大きな群れで移動し、季節を知らせる魚といわれる。

海藻

アオサ（ヒトエグサ）、スノリ（モズク）、フノリは、生を吸い物や味噌汁に入れて食べると磯の香りがして美味しい。また、干してよく乾燥させて保存用にする。なお、奄美で魚を開き干しにすることは、ほとんど見られない。

表４　魚の料理法

種類	料理法
シチ（イスズミ）	さしみ・煮つけ
エラブチ（ブダイ）	さしみ
アヤビキ（オヤビッチャ）	煮つけ・から揚げ
ハマフエフキ	さしみ・煮つけ・汁物
ホオアカクチビ	さしみ・煮つけ・汁物
ロクセンフエダイ	さしみ・煮つけ・汁物
ウメイロ	煮つけ・汁物
クマササハナムロ	煮つけ・汁物
センネンダイ	さしみ・煮つけ・汁物
イシガキダイ	さしみ・煮つけ・汁物
キハダ（マグロ）	さしみ
ヨコジマサワラ	さしみ・煮つけ・汁物
カツオ	さしみ・鰹節・生ぶし
シイラ	蒲鉾・すり身・煮つけ
グルクン（赤ウルメ）	からあげ・汁物
ヤチャ（カワハギ）	肝を占める部分が多い魚で、皮をはいで極薄つくりにして肝を添えて、酢醤油で食べるのが珍味といわれている

4）

旬の魚を自分でさばいてみよう。

鮮魚は、さばいて三枚におろし、好みで刺身、煮付用、あらは味噌汁などに調理する。自分でさばいた魚は格別に美味しい。

魚によっては、から揚げ、天ぷら、塩焼き、味噌漬、網焼きにしてサラダを添えてもよい。

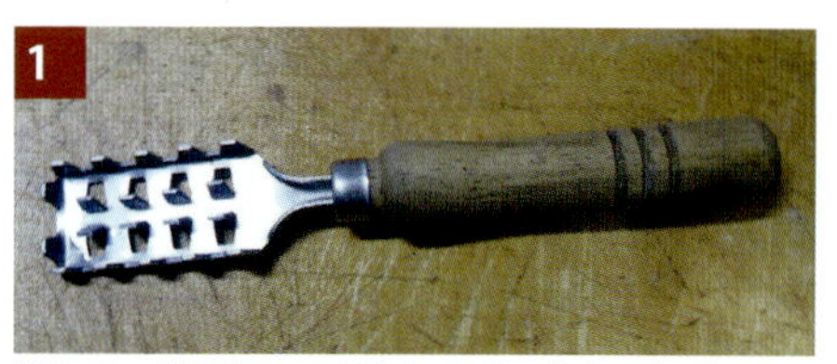

鱗取り　鱗は包丁でも取れるが、あれば便利。

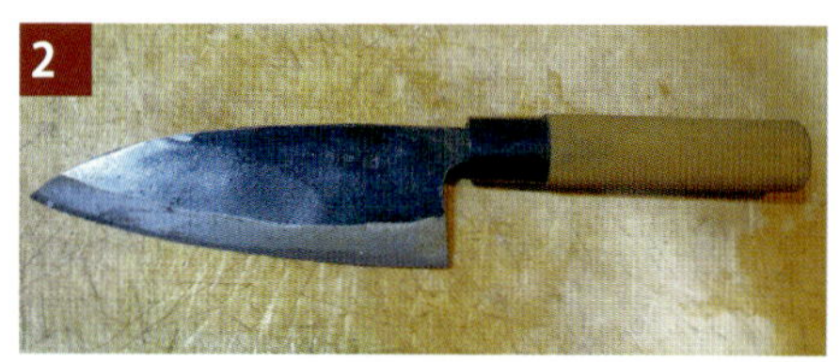

出刃包丁　大きめの魚のかたい骨を切るにはないと困る。薄い刃の包丁では刃こぼれする。

薄い刃の包丁　下拵え以降は薄い刃の包丁が使いやすい。特に刺身を切るときは必要。

魚を洗う　まず魚を洗って準備する。

鱗を取る　まず大雑把に取りやすいところから始め、鰭の際や頭の鱗まできれいに取り除く。

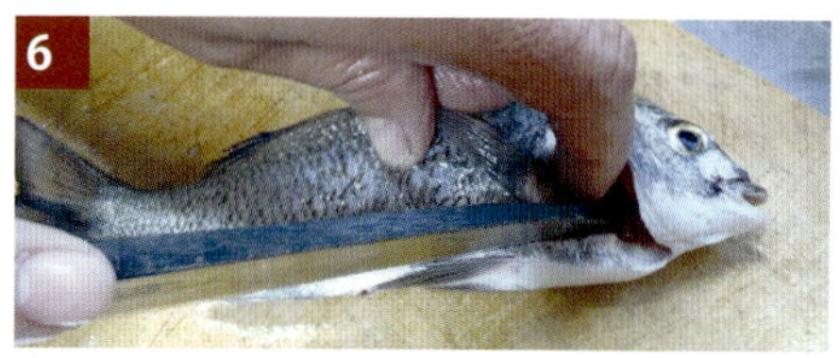

腹を切る　内臓を取るために切れ目を入れるが、えらぶたの下から肛門まで思い切って切る。

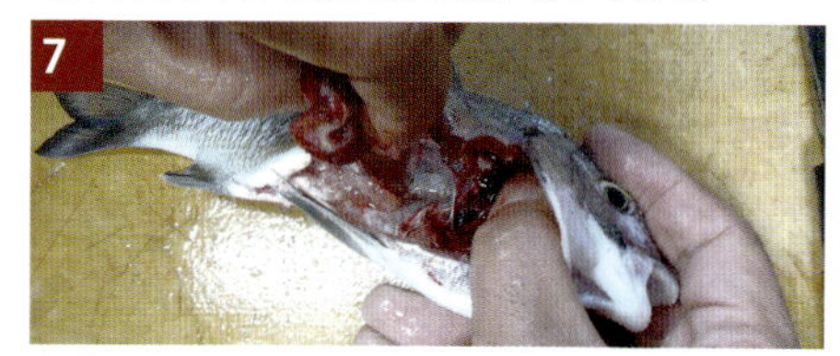

内臓を取る　鮮度の落ちる魚は内臓が崩れているが、新鮮な魚はきれいに取れる。えらごと取る。

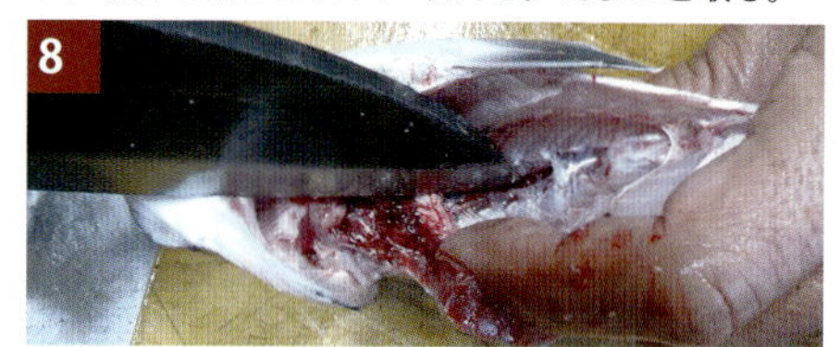

血の塊を取る　内臓を取り除いたら、背骨の腹側に血の塊があるので包丁でこそぎ取る。

下拵え完了　洗えば下拵えは完了。塩焼きや、煮付けの材料完成。以降は水洗いはしない。

頭を落とす　刺身やムニエルなど身だけ使う場合は、３枚におろす前に頭を落とす。

身を剥がす　背骨が盛り上がっているので、背側と腹側から丁寧に開いていく。

片身の完成　背骨からは、中骨が伸びているので⑪の最後に中骨を尾から切って行く。

3枚おろしの完成　もう片身も同様に背と腹から開き中骨を切れば3枚おろしが出来上がる。

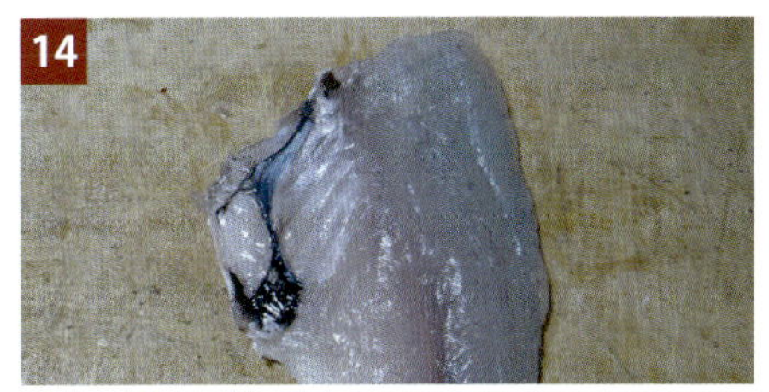

片身のおろし面　片身の内臓の側には腹膜とあばら骨が残る。

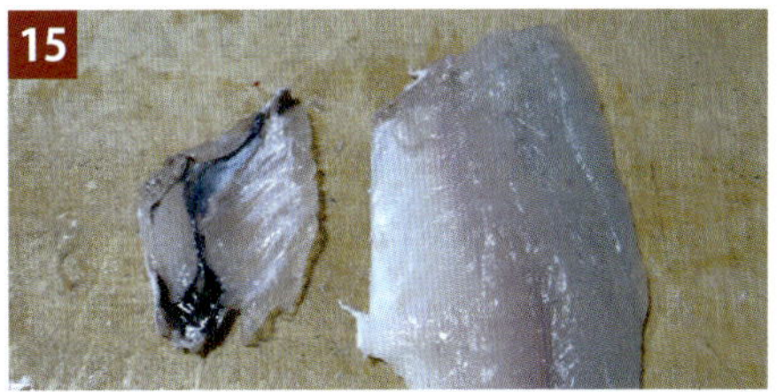

腹皮を取る　あばら骨ごと腹皮を削ぎ切る。サバなど青魚はアニサキス（寄生虫）に注意する。

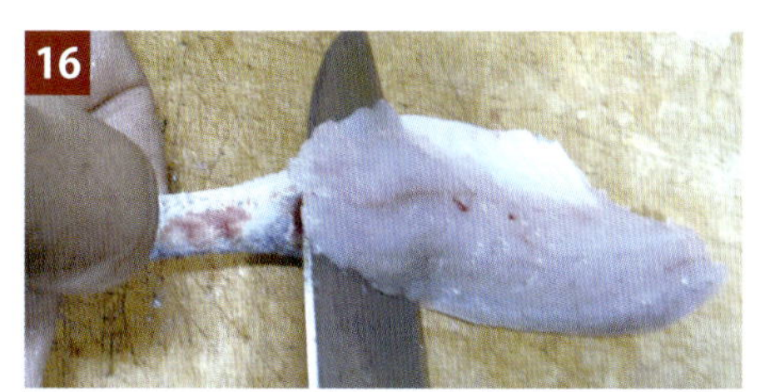

皮を剥ぐ　尾の方から身と皮の間に包丁を入れ皮を引く。失敗したら頭から再挑戦。

皮剥ぎ完成　皮は汁物に入れればおいしい。熱湯をかけるか焼けば皮剥ぎしなくてもいい。

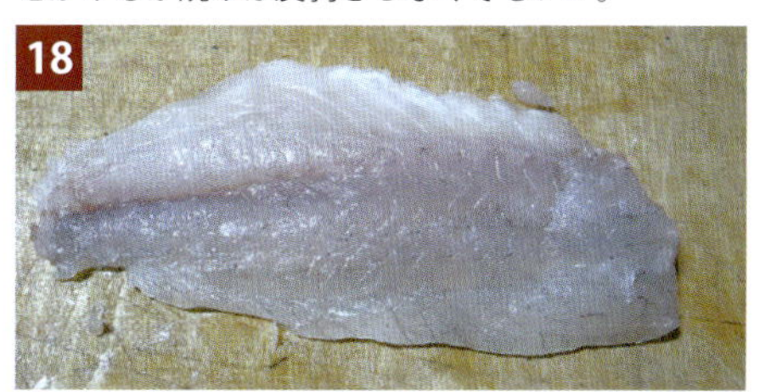

中骨　白身魚は血合いが少ないが、血合いの部分に中骨がある。気になれば取り除く。

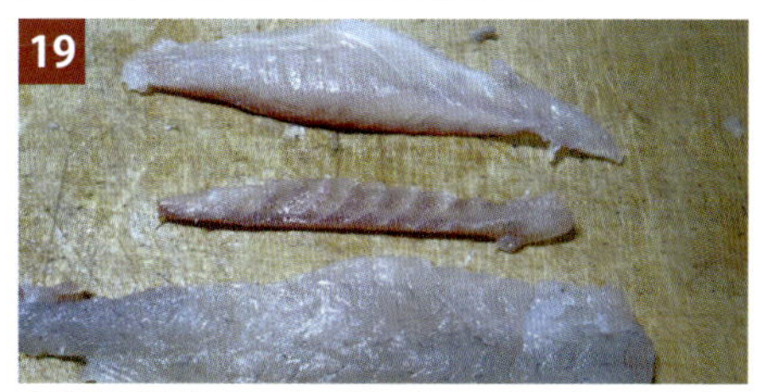

中骨取り除き完了　中骨は小さい魚は気にならない。料理人は毛抜きで取ったりする。

刺身の完成　片身の背と腹の2枚を薄く切れば刺身の完成。ネギを散らすと見栄えもいい。5)

表５　旬の海のめぐみ。１年を通して漁獲されている魚が多い。

魚　名	１年中	夏	秋	冬
赤ウルメ（グルクン）	○			
タイ、マツ	○			
エラブチ（ブダイ）	○			
キハダマグロ、マグロ	○			
カジキ	○			
カツオ	○			
ブリ、メバル	○			
ネバリ、ハネグロ	○			
サワラ、スビ	○			
カンパチ、カマス	○			
島イカ	○			
シュク			○	
シイラ	○			
キビナゴ	○			
アヤビキ（オヤビッチャ）	○			
ハージン（スジアラ）	○			
ウメイロ	○			
クロササハナムロ	○			
ハマフエフキ	○			
ホオクチビ	○			
クロセンフエダイ	○			

6)

医食同源の自然食材

医食同源とは、病気の予防も治療も食べ物でできるということであり、身土不二とは、その地で獲れた自然食が、その環境に生活する人の体にいいということである。

石塚左玄が、『食物養生法』の中で、幼い時から食生活が体育、知育、才育の基本の大事なことと「食育」を説いたが、これは、もちろん成人にも通じることである。郷土食といわれる地域の自然食が、なによりも健康的である7)。

奄美では、旬の食べ物は万病の薬、病知らずと、感謝の気持ちで調理していたものだ8)。

奄美の食材は、風土に適応した海と陸の自然食材が多く、鮮度や栄養の組み合わせ方によって、献立と調理法を考慮して料理をしていた。まさしく医食同源と身土不二の備わった食生活であるといえよう。

作物は、自ずからその季節に必要な栄養素を含み、その自然の成分が人にも同様に必要な栄養素なのである。海や土の自然の恵みである。8)

註

1)『南島雑話』は、幕末に薩摩藩士の名越左源太が、5年に及んだ滞島生活の折に絵入り民俗誌として遺したものである。
2) わが家では、初物は先ず神棚に供え、感謝の意を表してから、大切に食材の香りを生かして調理し、食卓では「初物は健康のもと」と母は一言そえていた。
3) 奄美漁業協同組合の漁港競り場にて。魚類は著者が撮影する。
4) 奄美漁業協同組合からの聞き取りによって表を作成した。
5) 向原祥隆『海辺を食べる図鑑』(南方新社、2015) より写真および説明文を引用した。
6) 奄美市・名瀬漁業協同組合、白間勇樹氏、白久剣士氏からの聞き取りを著者が表に作成する。
7) 石塚左玄『通俗食物養生法』1898年。石塚は陸軍薬剤監で、医師と薬剤師の資格を有している。弟子が「マクロビオティック」、体と自然は一体であると広めた。
8) 著者の育った奄美では、母が初物を調理すると、最初に仏前に供えていた。

資料協力

奄美市・名瀬漁業協同組合、白間勇樹氏、白久剣士氏、奄美市公設地方卸売市場、味の郷・かさり。

参考文献

石塚左玄『通俗食物養生法』1898 年
名越左源太著、国分直一・恵良宏・校注『南島雑話１・2 幕末奄美民俗誌』東洋文庫、平凡社、1984
川原勝征『野草を食べる』南方新社、2005 年
向原祥隆『海辺を食べる図鑑』南方新社、2015 年
角屋敷まり子『季節の野菜レシピ帖―マクロビオティック料理 70 選』南方新社、2015 年
坂井友直『奄美郷土史選集第 1 巻徳之島小史』復刻版、国書刊行会、1992 年
三上絢子「研究ノート」

風土に適した保存食品、野草・薬膳

パパイヤは、青い物は炒め物や漬物などの料理の食材として用いられ、黄色に色づいて熟れると果物として食べる。パパイヤは野菜？果物？トマトに似た食材の用途で扱われている。

保存食材

先人達は、現代のように冷蔵庫などの文明の利器がない時代に生きてきた。食品の形状と匂いで鮮度の判別をする生活の知恵があり、さらに環境に適応した食材の保存方法をあみ出してきた。

保存食品として、塩、黒糖、味噌、発酵飲料、塩漬、漬物、海藻類、塩辛、味噌漬、醤油、油脂、乾燥物、魚干し、燻製、薬膳があり、特に味噌、醤油などは原料の成分が分解されて作りだされる発酵食品である。

表１　保存食品

保存品	黒糖、島醤油、島塩、島味噌（ナリ味噌）
魚　類	鰹節（削り節）、カツオ生節、干しトビウオ、干しキビナゴ
海　藻	フノリ、イギス、アオサ、モズク
農作物	切干大根、乾燥フキ、ジマメ（落花生）、大豆、小豆、もち粉、ゴマ
畜　産	塩豚、豚油かす、鶏、卵
飲　料	みき、黒糖焼酎、果樹類ジュース、ハブ酒
塩　辛	キビナゴ、ウニ、カツオ、シュクガラス、イカ
漬　物	パパイヤ、フル（ニンニク）、ラッキョウ、高菜
薬　膳	クビギ、ダラギ、ウコン、ニガナ、海人草、アロエ、 ヨモギ、ツワブキ、セリ、タケノコ、タカサゴユリネ
煮詰物	スモモジャム、ふき佃煮
移入品	昆布、だし昆布、梅干、イワシ干し、菜種油、ソウメン、沢庵

著者作成

発酵保存品

味噌にはペプチド、醤油にはアミノ酸が豊富に含まれて、旨味のもとになっている。塩辛にもペプチド、魚醤にはアミノ酸が含まれている。

味噌、醤油などの発酵食品は、酵母や乳酸菌の酵素による原料の成分分解の作用で造られ、大豆に含まれる蛋白質、植物繊維などがコレステロールの抑制に効果がある。大豆の蛋白質は血管を若く保たせる効果があり、また大豆蛋白質から作られるアミノ酸の一種に脳の活性効果があるとされる。さらに、美肌効果や整腸効果があるなど、健康維持に貴重な食品であるといわれ、味噌汁の具となる野菜との組み合わせによる総合的な栄養価が、健康にどれほど貢献しているかは、計り知れないものがある。

1981年、国立がんセンター研究所の平山雄博士が、味噌汁を多く食べている人ほど胃がんによる死亡率が低いと日本がん学会に報告している。

島醤油は、大豆、小麦を発酵させたミネラルが豊富な調味料で、味付け、風味つけ、魚の場合は臭み消しなど特質があり、低濃度のアルコールが含まれており殺菌作用がある。島醤油は甘味、とろみがあり、豊富なアミノ酸が、塩辛い食品に例えば、漬物や塩漬けの魚などに少々たらすと、塩辛さを抑える効果がある。

味噌の加工法と保存

奄美の味噌には、米味噌、粒味噌（大豆）、ナリ味噌（ソテツの実を加工）があり、その利用法も地域によって異なる。例えば、奄美諸島の中でも、喜界島ではほとんどの家庭で粒味噌が用いられている。味噌の加工方法も地域によって異なり、特質が見られる。また、味噌に含まれるビタミンEが老化防止になると、先人たちは感覚的に理解していたようである。

奄美本島の笠利町と徳之島伊仙町の味噌の加工保存についての事例を次にあげる。

ナリ味噌（笠利地域の場合）

【材料】

米　　　50kg

ナリ（ソテツの実）10kg

麹　菌　　3.5袋

大　豆　　25kg

塩　　　　10kg

【作り方】

1日目

1　米をよく洗い水気を切っておく。

2　水が切れたら蒸し器に米・ナリを入れて蒸す（蒸気があがってから 20 分）。

3　蒸しあがった米を、こうじ機に移し冷ましながら麹菌を混ぜる。

4　温度設定をし、一晩麹をたてる。

2日目

5　朝、1回目の手入れをし、8時間後2回目の手入れをする。
　（手入れ／麹がよくたつように米をふるいにかけること）

6　大豆を水につける。

3日目

7　大豆を水切りして、蒸し器でむす。

8　米麹をこうじ機から取り出し大豆・塩と合わせて混ぜる。
　（手で握ってくずれない程度まで）

9　樽に詰めて1～2カ月ねかす。

※　ナリは、1年分を 10 月頃に収穫して保存しておく。使うときに実を割り砕いてから容器にいれ、アクがきれいに抜けるまで水でながす（白い濁りがなくなるまで）。ザルにあげ水をきり、乾燥させておく。乾燥させたナリを製粉しておく。

ナリ味噌

ナリ（ソテツの実）味噌（伊仙地域の場合）

【材料】

ナ　リ　20kg

大　豆　10kg

塩　4～5kg

【作り方】

1　ソテツは、実を割りカラからナリ（実）を取り出し、臼で細かく砕く。

2　砕いた実は、あくぬきに1週間くらい水に浸しておく。1日に2～3回水を入れ替える（アクを確実に抜くことがナリ味噌加工に大事）。

3　2をムシロに広げ、3～4日乾燥させる。

4　3を石臼で引き、粉にする。

5　大きな鍋に4を入れて、さらさらと手で触れるまで水を混ぜる。

6　5を蒸す。

7　6をムシロに3～4cmくらいの厚みに広げて、さらに上からムシロを被せて、4～5日で麹を作る。

8　大豆は、洗って煮る。

9　麹と大豆を木臼でつき、大豆が半分ぐらいになったら、塩を加え、さらによくつく。

10　味噌を入れるカメの周囲に塩をしっかりぬっておく。

11　カメに入れる時は、一握りずつ固めてカメに隙間なく詰める。

12　カメに詰める時は、8分目にする、

13　2～3カ月間、成熟させて食べる。

海産物の保存

料理は、だしが基本で鰹節は最も代表的な保存には最適な食材である。

わが家では、かつて毎朝鰹節を削り、一本が小さくなるまで使い切ったものである。

鰹節は、豊富に含まれるイノシン酸による旨味効果があり、味わいと風味を醸し出す。鰹節のイノシン酸、昆布のグルタミン酸、椎茸のグアニル酸と、それぞれが旨味成分を豊富に含んでいいて、これらの旨味成分の組み合わせによって、それぞれの家庭の味の料理ができる。

鰹節の効用としては、鰹節に含まれるペプチドが疲労回復、高血圧の予防効果がある。

鰹節は、なまり節、荒節、枯節、小さい物は亀節と呼ばれる。

1　本節は、大型のカツオから作られ、カツオを三枚におろし更に半身を腹と背に分け、1本の大きいカツオから4本の節がとれる、これが本節である。

2　1の背の2本をおぶし（男節）、腹の2本をめぶし（女節）と呼ぶ。鰹節が結婚式の引き出物に用いられる習慣は、おぶし（男節）とめぶし（女節）を合わせて対になることをめでたいとしたことに由来する。

亀節は、小型のカツオを三枚におろした半身から作った形が、亀の甲羅のように見えることから亀節と呼ばれる。

なまり節は、カツオを茹でて干したものを生利節（なまりふし）と呼ぶ。

荒節は、なまり節を燻製にしたものを荒節と呼ぶ。

枯節、荒節の水分を抜く作業をしながら熟成させる。節の表面にカビがついたものを枯節と呼ぶ。

醤油漬、味噌漬は、なまり節で加工される。

けずり節、大けずり、中けずり、小けずり、と献立によって使い分けて用いる。

なまり節は、料理の具として、おかず、お茶うけに、節をほぐして味噌と混ぜ合わせるなど、用途が多く重宝されている。醤油漬や味噌漬は保存がきき、そのままご飯のおかず、野菜と組み合わせてサラダにするなどできる。

なまり節の醤油漬

なまり節の味噌漬

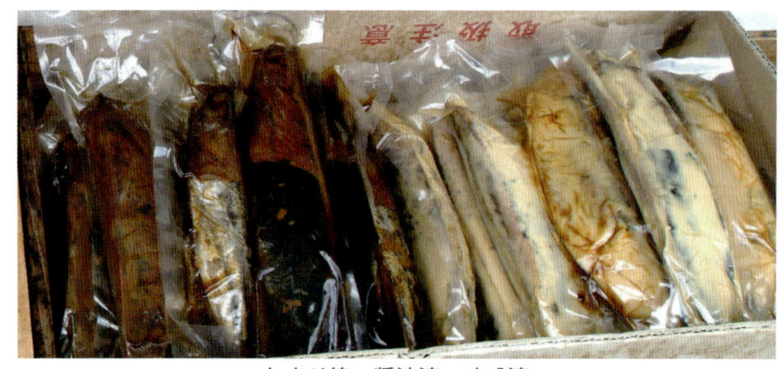
なまり節、醤油漬、味噌漬

鰹けずり節

海藻類

奄美の珊瑚礁に囲まれた島々には、四季を通じて海の幸の宝庫であるイノーがある。

生の海藻は、磯の香りと特有の風味が食欲を増進させる。ヒトエグサ（アオサ）、フノリは吸い物、味噌汁に用いられる。また、酢の物、天ぷら、炊き合わせ、卵とじ、などに用いられる。イギスは味噌漬、海人草は雑炊に加える。また、腸の調整薬膳として煎じて飲むなどに用いられる。

海藻の栄養素は、ビタミン・ミネラル・植物繊維・鉄分・カルシウムを含んでいる。ヒトエグサはヨウ素が豊富に含まれ、薬品にも用いられている。ヒトエグサ・フノリは保存に最適な食材で、天日干しにして保存しておき、料理するときに水に戻して用いる。一年中食べることができる便利な食材である。

ふのり

スノリ（モズク）

作物の保存食材

様々な作物が、天日で乾燥させて保存できる。野菜類、切り干し大根などの根菜類、ツバサなどの野草も乾燥して保存した。

切り干し大根

カルシウム・マグネシウム・鉄分・カリウムが豊富で、さらに天日干しによってビタミンDも増えてカルシウムなどの吸収がよくなる優れものの食材で、繊維質が腸整によい。

【切り干し大根の作り方】

1　1本の大根を真ッ二つに切る。
2　1を3cm幅の短冊型に切る。
3　2の端を2～3cmのところから、短冊形の中央を下の端まで切る。
4　3は、ハサミを開いたような形になる。
5　4を横に張った縄に、挟むように吊るす。
6　風通しのよい場所で、乾燥させる。
7　カラッと乾燥したら、できるだけ密封した状態で保存する。
8　料理に用いる時は、一晩水に浸して用いる。さっと水洗いし、ぬるま湯でもどしてもいい。

切り干し大根

水にもどした状態

畜産食材の保存

塩豚

奄美で保存食として古くから重宝している塩豚は、郷土料理には欠かせない食材である。煮物、炒め物、味噌漬けと多様な料理に用いられる。

豚足には、コラーゲンが豊富に含まれており、血管や骨の健康を維持する。

塩豚・三枚肉

塩豚の保存法

【材料】豚肉、塩

【作り方】

1　豚は、ロース、二枚肉、三枚肉、モモ肉、すね肉（骨付き）に分類する。
2　カメにたっぷり塩を入れ、豚肉を漬け込む。
3　二日ほどたったら豚肉を取りだし、水分を絞って乾かし、再び塩を付けてカメに漬け込む。
4　脂肪の多い肉は、大き目に切り鍋に油を入れ、両面を焼き、さらに塩を混ぜてカメに密封する。
5　塩豚の塩抜き方法は、塩豚をよく洗い、熱湯で３～５回ほど、茹でこぼす。
6　豚肉は、料理によって用いる部分が異なる。
7　ロースは、歳の祝いや法事などに主に用いる。二枚肉と三枚肉は、雑炊、汁物、ソウメン料理などに用いる。もも肉、すね肉は、豚骨料理、煮物などに用いる。

※　塩豚は、熱湯で３～５回ほど茹でこぼして用いるので、余計な油分が抜けてさっぱりして食べやすい。

調味料

調味料は、例えば、素材と親子のような密接な関係にある。

奄美の調味料には、黒砂糖、鰹節、島醤油、島味噌、島塩、黍酢、煮干し、胡麻、鰹せんじ、網焼き魚、菜種油、昆布、酒、乾燥豚油粕、豚骨など郷土料理の調味に用いられる。

調味料の役割

1　塩は人間の生命とつながりがあり、体には天然の塩を用いる必要がある。塩は、調味以外にも、魚に塩を振り水分を除くときなどに用いる。

2　奄美の醤油は甘味がある。これが体にもよい。苦味・酸味が残るような、手の加えすぎはよくない。

3　味噌は、ナリ味噌、豆味噌、麦味噌、米味噌とあり、塩っぽくなくて麹臭くないのが理想である。味噌は栄養源であり、調味料、保存食、香辛料と多様な特質をもっている。

4　酒やみりんは、旨味を増強し臭みも除く役割がある。

5　酢は、食欲増進、油分の中和、臭みを取るなどの効果がある。

6　黒砂糖は料理に最適である。ただし、適量を考慮して用いることが大切である。

7　油は、胡麻油が最適である。

8　鰹せんじは、鰹節を製造する過程のエキスで、鰹を茹でた汁をじっくり煮詰めて造る旨味である。調味料として、煮物、汁物、炒め物などに小さじ１杯用いるだけで、香ばしい風味が料理を美味しくする。

鰹せんじ

9　豚油粕は、豚の脂身の多い三枚肉を鉄製の大型鍋で豚脂（ラード）を精製した後のカラカラになった油粕で、これを煮物などに調味料の一種として用いる。

気候温暖な地域では、食材の保存は重要であり、天日干しや塩漬け、発酵させるなどの工夫によって、食材の保存をしている。

乾燥豚油粕

黒砂糖（サタ）

かつては製糖小屋（サタヤドリ）に収穫されたサトウキビが運ばれ、牛馬に引かせて歯車を回して圧搾する製法がとられていた。

圧搾された汁を煮詰め、適量の石炭を入れ煮立ったらアクをすくいとる。これは技術が必要とされ、砂糖の良し悪しを決めるといわれている。その後に大鍋に移し丸い木の棒で撹拌する。丁寧に撹拌しないと砂糖が固まるので、ねっとりする状態になるまで根気よく作業をし、その後、樽に詰める。

黒糖は代表的な保存食品で、原料はサトウキビ。サトウキビを絞り、煮詰めて冷やし、固めたものが黒糖である。奄美の気候風土に適した特産品であり、需要の高い食品である。

黒糖には、ビタミンが豊富に含まれ、カリウム、マグネシウム、カルシウムなど体に必要なミネラルを豊富に含んでいる。コレステロールや中性脂肪を調整して下げる機能を備えているともいわれ、健康的な体つくり、美容にいいと食べられている。

年配者は「元気のもと」といい、朝一番のお茶うけには欠かせず、一日の何度ものお茶に２～３個くらいは食べており、テーブルの上には常時、器に黒糖が入れてある[1)]。

黒糖の種類は、固形の黒糖、やわらかい黒糖、黒糖ザラメ、黒糖粉があり、料理によって使い分けている。

黒糖　やわらかい黒糖

黒糖粉　黒糖ザラメ

島塩（マシュ）

島塩

塩は、健康な身体を維持する重要な役割を持つ。人体の塩分濃度は人体の水分の約0.85%といわれ、2015年4月厚生労働省推奨食塩摂取量の目標に、1日の食塩摂取量は健康成人男性8.0g未満、女性7.0gと定めている。

塩には、岩塩、天日塩とある。奄美では、海水を煮詰め水分を蒸発させて結晶にする自然製法でつくる。

昭和10年代頃は、旧名瀬市街地のうどん浜の海辺に塩たき小屋（ヤドリ）があり、三方を石で囲んだ釜戸を作り、鉄製の約3m前後、高さ50cm、幅2m弱の鍋で汲んだ海水を炊いて塩が作られた。

海水が煮立つと蒸発する。一晩中海水を汲んで加える作業を繰り返し、早朝頃には煮つまり白くなる。頃合いを見て焦がさぬよう火を止め、余熱を利用する。白さが増すとザルにすくい取り、桶にのせて水分を取る。この水分が天然のニガリで、豆腐の凝固用に用いられる。

移入品

昆布・ソウメン・アオサ・トビウオ

煮干し、昆布、ソウメン、梅干し、沢庵、菜種油、クジラ塩漬け、などは本土からの移入品で、トビウオは、戦前からトカラ列島・口之島から入手している。

煮干し

煮干しは、味噌汁のだし用として、煮物、炒め物の調味料として重宝されている。栄養素もビタミンD、カルシウムを豊富に含んでいる。

煮干し

干しトビウオのひらき

昆布

野草・薬膳

自然食材は、古くから「病しらず」と伝えられ、特に食材の主役でない野草が、逆に健康維持を目指す民間療法では主役となる。

先人たちは、永い歳月において試行錯誤の上に食用や薬草として可能な数々の野草を見出している。すなわち自然と共生することで、医食同源、身土不二の原理が供わっているのである。

先人の知恵は、現代医学の薬品の素にもなっている。健康志向の高まりから自然食や薬膳が望まれ、ニーズに対応して、一部の自生していた野草の栽培が行われるようになっている。

食用野草は、煮物、炒め物、酢の物、和え物、天ぷらなどに食材として用いられている。

フツ（ヨモギ）

野草の食べ方

◎ツバサ（ツワブキ）　若い茎の皮をむき茹でる。多様な料理に用いられる。

◎フツ（ヨモギ）　日常的に餅に用いられ、山や土手などに群生していて、葉の柔らかい部分を摘み茹でて乾燥保存しておく。

◎ノビル　草原、田や畑の畦、河原の土手に自生している。春に薄紫の花をつける野草で葉や隣茎を食べる。よく洗い薄皮と根を除いて味噌を添え、卵とじ、味噌汁の具などに用いる。

◎クワイ（田イモの葉柄）　葉柄の皮をむき炒めて食べる。

◎アザミ　葉は軸だけ、根茎は皮をはぎ 5cm に切り茹でる。

◎スダジイ（シイの実）　弱火でじっくり炒る。強火では飛び散って危ない。

◎ユリ根（テッポウユリ）　水につけてアクをぬく。焼く、塩茹で、天ぷら、蒸すなど多様に用いられる。

◎長命草（ボタンボウフウ）　茹でて酢味噌和え、味噌汁、天ぷら、炒め物。

◎ニガナ（ホンバワダン）　茹でて味噌汁、おひたし、和え物などに用いる。

◎マクリ（海人草）　雑炊の具として用いる。

◎ウコン　ショウガ科の多年草、根茎は薬、香辛料、染料として用いられ、カレー粉の原料で、カレーの黄色はウコンである。

◎セリ　おひたしにして食べる。

◎グワバ　果実として食べる。ジュースなどにもする。

◎ソテツ　ナリ味噌、ソテツ粥。

◎サネン（ゲットウ）　ヨモギ餅を包む。

※食材として極一部分を纏めているが、調理の仕方は多様にある。

薬用効果（野草および野菜）

◉ユリ根（鱗茎）　解熱、咳止めに煎じて飲む。

◉キダチアロエ　葉を炙って傷に張ると薬効としての効用がある。

◉ツバサ（ツワブキ）　茎と葉を解毒として煎じて飲む。

◉バシャ（クワズイモ）　リュウマチ、きり傷。

◉ニガウリ　　低血圧、高血圧、健胃。

◉里芋　　強壮剤、火傷。

◉ソテツ　　消化剤、咳止め、切り傷。

◉ノビル　　すりおろした液を虫に刺された患部に塗る。

◉サネン（ゲットウ）　健胃、咳、脚気、マラリア。

◉セリ　　神経痛。

◉グワバ　　利尿、口内炎、糖尿病。

◉オオバコ　　不眠症、利尿、消炎。

◉ニガナ（ホンバワダン）　高血圧、解熱、下痢止め、胃、煎じて飲む。

◉フツ（ヨモギ）　喘息、貧血、胃、殺菌作用と食欲増進に煎じて飲む。
◉マクリ（海人草）　整腸剤。
◉ゲンノショウコ　下痢止め、整腸。
◉アザミ　　　　神経痛、利尿に根を煎じて飲む。
◉トゥチィブル（カボチャ）　貧血、美肌、糖尿病。
◉クビギ（ツルグミ）　解熱、年配者達は体調が気になる時は、万病の薬といわれ煎じ
　　　　　　　　　　　　てお茶代わりに飲んでいる。
◉ダラギ（タラノキ）　糖尿病。
◉島ウリ（キュウリ）　打ち身、やけど、ねんざ。
◉ゴマ　　　　　強壮、消炎、湿疹。
◉大根　　　　　咳止め、消化器の不調。
◉ショウガ　　　嘔吐、日射病、風邪。
◉長命草（ボタンボウフウ）　抗アレルギー、鎮痛作用、ダイエット効果。
◉春ウコン　　　肝臓の機能回復に効用があるといわれる。
◉秋ウコン　　　黄疸、胆石、健胃、整腸。
◉ナブラ（ヘチマ）　咳止め、利尿。
◉キャベツ　　　整腸、強壮剤。
◉スモモ　　　　あせも。
◉タカナ　　　　うるしまけ、痔。
◉シブリ（トウガン）　脚気、感冒、百日咳。
◉人参　　消化不良、胃腸、咳。
◉ナス　　　　　腹痛、むくみ、食中毒。
◉ジマメ（ラッカセイ）　冷え性、糖尿病、便秘。
◉フル（ニンニク）　破傷風、胃弱。
◉パパイヤ　　　喘息、咳、消化剤。
◉サツマイモ　腸炎。

※奄美で主に用いられている一部を纏めているが、各地域に他にも多くの薬草がある。

ダラギ（タラノキ）

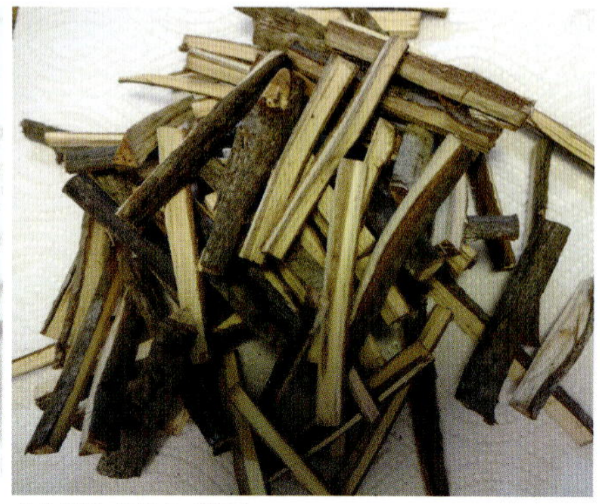
クビギ（ツルグミ）

自然食材は、食用としつつ薬としての効能があることを、先人達は試行錯誤の上に知ってきたのであろう。

註

1）奄美の我が家では、漬物はさっと水で洗い、固形の黒糖を削って漬物に混ぜ、お茶うけやご飯のおかずに毎日食べた。

参考文献

角屋敷まり子『季節の野菜レシピ帖　マクロビオティック料理 70 選』南方新社、2015 年
広江美之助『自然食　山海の野草』光村推古書院、1976 年
津田喜典・村田弘之・塚越順『奄美・琉球諸島医学植物集成』（予報）、昭和薬科大学研究紀要、1972 年
大野隼夫『奄美の四季と植物考』長征社、1982 年
中田 福市・中田 貴久子『これでわかる薬用植物』新星図書出版、1990 年
三上絢子「研究ノート」は、1993 年頃から長年にわたって聞き取りや実態調査の折に記述したものである。

郷土料理の基本

料理の基本―料理は心と手さじかげん―

郷土料理の特徴

奄美の郷土料理には煮物が数多くあり、行事に日常食にと食材を組み合わせて料理されてきた。それぞれの素材の味を生かし、旬の食材の美味しさや風味を損なわないように工夫されている。

著者は幼いころから「そこに生活する人は、そこで育まれた食材を食べる」ことが、健康になれると言われて育った。まさしく身土不二と医食同源の教えである。

添加物などは一切使用しない、自然の山海の食材は、海の物は新鮮な磯の香りをはなち、土から採れたものは作物一つ一つに独自の香りを有する。食材は、季節を大切に煮物、汁物、炒め物、揚げ物、焼き物、蒸し物、和え物、塩辛、漬物などに用いられ、伝統的な郷土の自然食文化が伝承されてきた。

郷土料理は、材料の分量、味付け、調味料、煮加減、材料の組み合わせなど、集落や各家庭によって異なり、好みで調整されている。

食材の旬の時期には保存食として加工し、何時でも必要な時に用いることができるように工夫している。

郷土料理は、食材の下準備が大切

1 豚骨、豚肉の塩漬けは、2～3日前に3～4度ほど水を入れ替えながら熱湯で茹でこぼし、塩ぬきする。

2 ツバサ（ツワブキ）は、茹でて皮をむき、1本を半分か三等分に繊維に沿って裂いて、水にさらしてアク抜きをする、水を数回取り替える。

3 切り干し大根は、一晩水につけておく。用いる前に茹でこぼす。

4 乾燥したツバサ（ツワブキ）を用いる時は、一度茹でる。少し柔らかくなる程度に、茹ですぎないように注意。一晩くらい水にさらす。

5　魚を吸い物や魚味噌にする場合は、網焼きしておく。

6　豚肉やレバーなどを味噌漬けにする場合は、茹でて水切りをして網焼きにすると美味しく漬かる。また油を引いたフライパンで軽く炒めると漬けた味噌も美味しい。なお味噌の中に長時間漬けないで、味噌の上に取り出しておく。

7　フルの葉、ネギ、マコモなどは、使いやすい大きさに切ってラップに包み、冷凍保存しておくと鮮度が保てて便利。冷凍のまま料理に用いるとよい。

料理の基本だし

1　煮干しだしの下ごしらえ、頭と腹わたを取り除き身を割いて、熱した鍋に入れ弱火で乾煎りする、これで臭みが取れる。スリ鉢で粉状にすると旨味を丸ごと用いることができ、保存すると便利である。

2　煮干しだしは、昆布、干し椎茸を水に浸しておき、①の煮干し粉を加え、弱火で3分くらい煮たあと昆布と椎茸は取り出す。

3　鰹節だしは、水に浸した昆布を弱火で15分くらい煮てから鰹節を加え、2分くらい煮て火を止めて、こすと一番だしがとれる。お吸い物などに用いる。②の取り出したものは、二番だしで煮物などに用いるとよい。

4　二杯酢は、酢と醤油にだしを加えたもの、素材に合わせて酢と醤油は調整する。

5　三杯酢は、酢、醤油、酒、みりん、黒砂糖少々、だし、塩少々を加えたものである。

料理の要点

おいしい料理は「肝（心）と手」といわれる。心を込めて食材を大切に扱い、手しおにかけて調理する。そして、その上でなされる、それぞれの家庭の独自の味付けこそが料理のポイントなのである。

煮炊きのポイント

料理は煮物ではじまり、煮物で終わるといわれる。煮付け、煮しめ、炊き合わせる、ごった煮、炒め煮、煮びたしなどと豊富な料理法がある。

煮物の要点

1　素材に向き合う姿勢。

2　「火加減」弱火、中火、強火、余熱の使い分け。

3　煮物はつくる人の思いが表れるといわれる。

炒め物

炒め物は、肉類を用いたもの、作物を用いたもの、海産物を用いたものと、多種類ある。塩、味噌と食材によって、また、好みによって調味は、多様に活用されている。

酢と和え物

酢の物は、スノリ（モズク）、フノリなどの海藻類が主に用いられる。また、保存食として、スノリは塩漬け、フノリは乾燥にして、必要な時に用いることができる。

和え物は、野菜類が主に用いられ、島ウリ、ハンダマなどが酢、味噌、砂糖の組み合わせで用いられている。

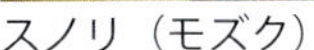

スノリ（モズク）

フノリ

フノリ

揚げ物

揚げ物は、海の旬の食材や旬の野菜が用いられる。

海の幸では、新鮮な魚の丸揚げ（赤ウルメ・ヒキ）、切り身、モンゴイカ・キビナゴ・ウニ・アオサ・スノリ（モズク）などが、から揚げや天ぷらに用いられる。

野菜類では、ナス・ニガウリ・人参・ネギ類・トゥチィブルのほか、里芋・サツマイモ・ジマメ・モチなどが揚げ物に利用される。

汁物

吸い物には、魚汁・エビ汁・あおさ汁・ソウメン汁などがある。

味噌汁には、大豆を用いた、ゴー汁・トーフ味噌汁・千切大根味噌汁・モヤシ味噌汁など、肉類を用いる鶏汁・豚汁（トン汁）などがある。

行事には吸い物、日常では吸い物、味噌汁が用いられる。

味噌汁

味噌汁は、鰹節、昆布、魚、鰹せんじ、豚肉などでだしをとり、具に海藻、青野菜、根菜、豆腐などを用いる。栄養的にもバランスが取れている。

カルシウム、鉄の摂取量のおよそ25%、タンパク質の15%前後、ビタミンAは野菜の使用量によって異なるが15～25%などを味噌汁から摂取できるという（『健康の輪』による）。

第２部　伝統的な郷土料理

パパイヤ　　撮影・著者

日常の家庭料理
奄美の伝統、手しおにかけた料理

本章では、材料やジャンルごとに料理の作り方を解説しているが、材料の組み合わせや調味料の量は、地域や家庭によって異なるのが当然である。よって、細かな分量は省略した。味付けは塩の分量が基本になるので、１人当たりの大まかな塩の量を考慮して調味すれば間違いがない。なお、味噌や醤油も原料には塩が使われているので、そこも勘案されたい。

豚・鶏の料理

◆豚骨料理

【材料】豚骨、大根、人参、昆布、こんにゃく、揚げ豆腐、醤油、砂糖、塩、酒

【作り方】

1　豚骨は、沸騰した湯で６分茹でこぼし、あく抜きもする（塩豚の場合は、６分×３～５回茹でこぼす）。

2　昆布は、一重に結ぶ。

3　大根、人参は乱切りにする。

4　豚骨を並べ、昆布、大根、人参、こんにゃくの順に入れ、水は７分目に入れ煮る。

5　ほどよく煮えたら揚げ豆腐を加え、調味料で味をととのえる（調味料は好みで味噌でもよい）。

※　豚骨料理は、大晦日の夜に家族一同で頂く代表的な郷土料理である。

◆豚足料理

【材料】豚足、生姜、フル、酒、みりん、味噌、おから

【作り方】

1 豚足は、5cmくらいにぶつ切りし、おからを入れて茹でこぼす(塩豚の場合は、3～5回茹でこぼす)。

2 生姜、フルは、みじん切りにする。

3 鍋に1と2を入れ、かぶるくらいに水を入れて煮る。

4 豚足が柔らかくなったら調味料を加えて、およそ3時間煮る（火加減は、最初は強火にして、後は中火でゆっくり煮る)。

◆豚肉・切り干し大根・ツバサ（ツワブキ）・昆布の煮物

【材料】豚肉、切り干し大根、ツバサ、昆布、味噌、醤油、黒砂糖かみりん

【作り方】

1 豚肉は塩ぬきができていたら、大きく切る。

2 前夜から水に浸しておいたツバサ、切り干し大根を5～6cmくらいに切り揃える。

3 豚肉が柔らかくなる前に、ツバサ、昆布、切り干し大根を加えて煮る。

4 調味料を調合して、加えて、煮込む。

豚肉・切り干し大根・ツバサ・昆布の煮物

◆豚三枚肉とフル（ニンニク）の葉炒め

【材料】豚三枚肉、フルの葉、黒糖、醤油、油

【作り方】

1 豚三枚肉は、大き目に切る。
2 フルの葉、またはニラは 3cm に切る。
3 フル根は、うすく刻む。
4 豚三枚肉を焦げ目が付くぐらいに炒め、砂糖、醤油で味付け。
5 4 に 2 を加え、さっと炒めて仕上げる。
6 フルの葉は、切ってラップに包んで冷凍保存をすると、薬味としても用いることができて便利である。

豚三枚肉とフルの葉炒め

豚三枚肉・厚揚げ・フル（ニンニク）の葉

フル（ニンニク）の葉

◆豚肉のから揚げ

【材料】豚肉、小麦粉、生姜、砂糖、油

【作り方】

1 豚肉は、一口大に切り、塩こしょうをしておく。
2 生姜は、すって砂糖と合わせる。
3 1に2を混ぜ合わせる。
4 小麦粉に、軽くまぶす。
5 油を熱した鍋に入れる。
6 火加減は中火で、揚げる。

◆豚汁(トン汁)

【材料】豚肉、大根、人参、里芋、厚揚げ、煮干し、味噌

【作り方】

1 豚肉は、油で軽く炒める。
2 大根、人参、里芋は、小口に切る。
3 煮干しは、頭と内臓部分は取り除く。
4 厚揚げは、やや大き目に切る。
5 1と2と3を合わせて、中火で煮る。
6 5が煮えたら、4を加えて煮る。
7 味噌を加えて、仕上げる。

◆豚味噌①（伊仙町）

【材料】三枚肉、味噌、フル（ニンニク）、黒糖、酒

【作り方】

1　三枚肉は洗い、大き目に切る。

2　厚手の鍋で、1を少々焼き目が付く程度に焼き揚げ、油から取り出す。

3　みじん切りのフル（ニンニク）を2に加えて、味噌、黒糖、酒を入れ、味を調整しながら、再度よく練る。

※　イギス味噌漬、カツオ味噌節、ジマメ味噌、豚味噌、魚味噌のほか、イカ（モンゴイカ）、タコの味噌食品は、お茶うけ・おかずに家庭でも手軽に作られる。

◆豚肉と胡麻入り味噌②（名瀬地域）

【材料】豚肉、胡麻、けずり節、粒味噌、黒糖

【作り方】

1　豚肉を少し焦げ目がつくていどに炒める。

2　1に、粒味噌、けずり節、砂糖を加えて混ぜながら炒める。

3　2に、胡麻を加えて、しっかり混ぜる。

豚味噌

◆豚の味噌漬

【材料】豚肉、生姜、フル（ニンニク）、味噌、黒糖、油

【作り方】

1　豚肉が塩漬の場合は、しっかり茹でこぼして塩抜きする。

2　1に生姜、フル（ニンニク）を加える。

3　鍋から取り出したら、網で水分を飛ばしながら、軽く焼く。

4　油で炒める。

5　味噌に砂糖をよく混ぜる。

6　5に4を混ぜ漬け込む。

7　3～4日で、漬け込んだ味噌の中から、豚肉を味噌の上に取りあげておく。

8　7の方法で、1カ月は美味しく食べられる。

◆レバーの味噌漬（名瀬地域）

【材料】レバー、黒糖、味噌、油

【作り方】

1　レバーは、大きな塊のまま、よく洗って茹でる。

2　1に生姜、フル（ニンニク）を入れる。

3　アクをすくい取る。

4　箸をさしてみて、煮えているか確認して、茹でこぼす。

5　1のレバーを、半分に切り弱火の網で、両面を焦がさないように焼く。

6　少量の油で軽く炒め焼きする。

7　よく冷ましておく。

8　味噌と砂糖を混ぜる。

9　8に7を味がしみ込むようにからませる。

10　3日くらいで、味噌と調和して香ばしくなり食べられるが、好みで、あまり味噌がしみ込ないように、味噌から出して上にのせておくか、別の器に移すなどの調整をすると、1～2カ月は美味しく食べられる。

11　食べる時には、大きなレバーを薄切りにする。

◆鶏飯

【材料】米、スープ用の水、鶏ガラ、鶏ささみ、干し椎茸、醤油（薄口）、黒糖、塩、酒、薬味（きんし卵、パパイヤ漬け、紅生姜、ミカン皮、小ネギ）

【作り方】

1　米は普通に炊く。

2　干し椎茸は、戻して細切りにする。

3　椎茸の戻し汁に鶏ガラを加え、水８カップで煮てスープを作る。

4　砂糖、塩、酒を加え調味する。

5　４に鶏ささみ、椎茸を加えて煮る。ほどよいところで取り上げる。

6　鶏ささみは、細かくさく。

【薬味をつくる】

1　卵は薄焼き、パパイヤ漬け、紅生姜をせん切りにする。

2　小ネギ小口切り、ミカンの皮をみじん切りにする。

【食べ方】

1　好みでご飯の上に具材を綺麗に並べる。

2　１の上からスープをそそぐ。

3　ご飯は少なめ、具材やスープの量は好みで。お代わりしながら食べるのが、美味しく頂ける。

鶏飯の由来

薩摩藩が奄美諸島を琉球から分離して支配したのは、約400年前、1609年以降のこと。薩摩の役人のおもてなし料理として作られたのが鶏飯料理であるといわれている。

鶏飯の原点といえるのがとり飯であったが、工夫して見た目も美味しそうに、雰囲気のある料理として創作された苦心作が鶏飯であると考えられる。

元来、郷土料理は食材の味をいかすことを基調にして、素材を大き目に切って作る。炊き合わせの場合でも、それぞれの食材の味や風味を損なわないように料理している。

鶏飯を島の人々が食べるようになったのは、廃藩置県後の明治になってからといわれている。

◆かしわの混ぜご飯

【材料】米、水、かしわ（鶏肉）、ゴボウ、筍、人参、だし汁、醤油、塩

【作り方】

1 米は洗ってザルにあげる。
2 かしわをさっと湯通しする。
3 人参、筍、ゴボウは、さいの目に切る。
4 材料を合せて炊き上げる。

◆雑炊

【材料】米、鶏肉、人参、大根、フルの葉、青菜、厚揚げ、味噌または醤油、塩、煮干し、けずり節、水

【作り方】

1 鶏肉は、塩を振ってしばらくおき、さっと洗う。
2 1は小口に切る。
3 といだ米と煮干し、2を鍋に入れて水を入れる。
4 3が煮立ってきたら、2cmくらいに切った厚揚げを加える。
5 好みで味付けをして、けずり節を加える。

◆鶏のスープ

【材料】鶏肉、塩、生姜

【作り方】

1 ぶつ切りは、水から煮る。
2 アクをすくい取る。
3 肉が骨から外れやすくなるくらいが目安。中火で煮る。
4 生姜をあら切りで、二切れ入れる（くさみを取るため）。
5 塩を入れる（味を見ながら、調整する）。

魚介類の料理

◆活きづくり

活きづくりには、様々な種類の新鮮な旬の魚が用いられる。
カツオ、ブダイ（エラブチ）、イカ（ミズイカ）、タイ、キビナゴ、伊勢海老、ウニ、ニャ（貝）などは代表的な海の恵みである。

マグロ・タイ・イカ

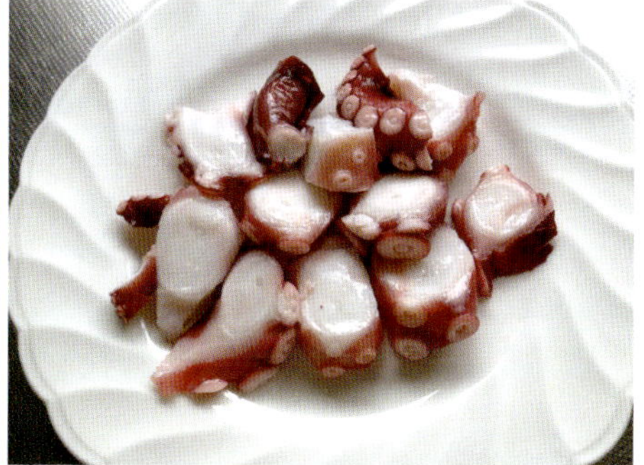

ゆでダコ

◆魚の煮付け

【材料】鯛類、赤ウルメ、ヒキ（スズメダイ）、醤油、砂糖またはみりん、酒

【作り方】

1　ウロコと内臓を取り除く。
2　調味料は、好みで調整する。
3　落とし蓋をして、中火にする（煮すぎないこと）。

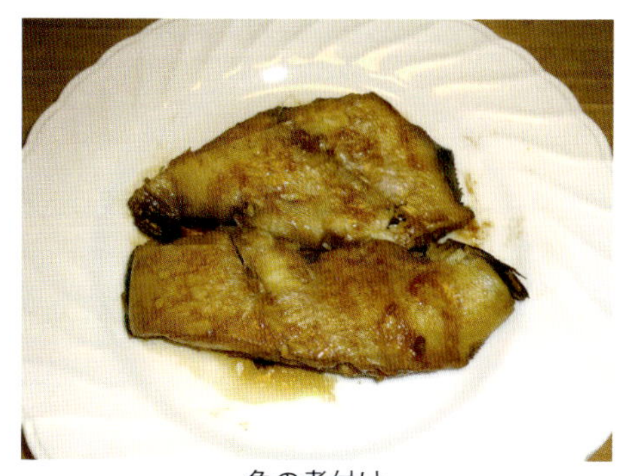

魚の煮付け

◆魚のから揚げ

【材料】鯛類、赤ウルメ、ヒキ（スズメダイ）、切り身、イカなど、小麦粉、塩、油

【作り方】

1 魚は、内臓部分をきれいに処理する。

2 きれいに洗い、水を切る。

3 塩少々、軽く小麦粉を振る。

4 鍋の油が熱したら、鍋のふちから入れる。

5 鍋の大きさにもよるが、一度に沢山入れない。

6 魚が色づいて浮いてきたらそろそろだが、裏にかえして充分に揚げる。

7 魚の香ばしさが目安である。

8 揚げたら、油抜きのできる網にのせておく。

魚のから揚げ

魚切り身のから揚げ

イカのから揚げ

◆魚の塩焼き

【材料】魚の切り身、塩

【作り方】

1　大き目に切った魚に、塩をふる。

2　網を油でふきとり、中火の炭で、じっくり焼く。

3　魚は、厚みがあるので、片面がよく焼けるまで、うごかさない。

4　片面がよく焼けたら、身がくずれにくいので、裏に返す。

5　焦がさぬように、炭火の調整もする。

6　両面があめ色になるころがいい。

※　炭焼き魚は、煮物、吸い物、味噌汁、和え物、炒め物、魚味噌、醤油をかけて食べる、ちぎってだしに用いるなどと用途が多い。その上日持ちがよい。

◆魚の吸い物

【材料】網焼きした魚、フル（ニンニク）の葉またはネギ、塩、醤油、水

【作り方】

1　鍋の水が沸騰したら、魚を入れる。

2　中火で、魚が煮崩れしないように。

3　塩と醤油少々で味付けする。

4　仕上げに、フルの葉または、ネギを加える。

◆魚の味噌汁

【材料】鯛類、赤ウルメ、ヒキ（スズメダイ）、豆腐、味噌、フル（ニンニク）の葉

【作り方】

1　魚は、水から煮る。

2　煮過ぎない様に、火加減をする。

3　2に豆腐と味噌を加える。（味噌、豆腐を加えたら煮過ぎない様に一煮で火を止める）

4　仕上げに、フルの葉を加える。

◆伊勢海老の味噌汁

【材料】伊勢海老、味噌

【作り方】

1　伊勢海老を水洗いする。

2　1を殻のまま、ぶつ切りする。

3　エビは水から中火で煮る。

4　味噌を加える。

5　煮過ぎないように、弱火にして仕上げる。

※　味噌は適量に、うす味にする。

◆伊勢海老汁

【材料】伊勢海老、塩、醤油

【作り方】

1　伊勢海老を水洗いする。

2　1を殻のまま、ぶつ切りする。

3　水から2を入れ、中火で煮る。

4　塩と醤油少々で味をととのえる。

5　煮過ぎないように、弱火にして仕上げる。

◆キビナゴの蒸し煮

【材料】キビナゴ、塩

【作り方】

1　キビナゴは、さっと水洗いして、ザルで水を切る。

2　深めの鉄鍋か、蒸し器にキビナゴを入れ、塩を全体にいきとどくように振りかける。

3　蒸しあがっても、かき混ぜないこと。

◆キビナゴの天ぷら

【材料】キビナゴ、小麦粉、砂糖、塩、油

【作り方】

1 キビナゴは、塩をふって、さっと洗う。
2 水を切っておく。
3 小麦粉に砂糖を少々混ぜる。
4 小麦粉は、あまり水を加えない。
5 フライパンの油を熱する。
6 キビナゴを丸めて入れると、揚げむらができるので、なるべく並べて揚げる。

◆キビナゴの塩焼き

【材料】キビナゴ、塩

【作り方】

1 キビナゴに塩をふる。
2 網で焼き色がつくくらい、両面焼く。

◆ヒキ（スズメダイ）のから揚げ

【材料】ヒキ、塩、小麦粉、油

【作り方】

1 ウロコと内臓を取り除く。
2 塩をふり、小麦粉をかるくかける。
3 160℃の油でカラッと揚げる。

◆ヒキ（スズメダイ）の塩焼き

【材料】スズメダイ、塩

【作り方】

1　ウロコを取り、内臓を取り除く。

2　水気をとり、塩をまぶす。

3　両面をよく焼くと、香ばしさがただよう。

◆赤ウルメ（グルクン）のから揚げ

【材料】赤ウルメ、小麦粉、塩、油

【作り方】

1　魚はウロコを取り、臓物を取り除く。

2　水気を取り、軽く塩をふる。

3　小麦粉を振るようにかける。

4　160℃くらいの油に鍋の縁から頭の方から入れる。

赤ウルメ（グルクン）のから揚げ

◆赤ウルメの塩焼き

【材料】赤ウルメ、塩

【作り方】

1　ウロコをとり内臓をのぞく。

2　水気を取り、塩をまぶす。

3　両面をよく焼く。

4　そのままでも美味しく食べられるが、数日は保存がきくので吸い物、味噌汁などに用いる

◆タナガ（川エビ）のから揚げ

【材料】タナガ、小麦粉、油、塩、

【作り方】

1　タナガに塩を振って、水で洗う。

2　よく水を切って小麦粉をかるく振る。

3　フライパンの油が熱したら、丸めないように入れる。

4　揚げすぎないように、火加減の調節もする。

＊　何も付けずに、油にそのまま入れる素揚げもいい。塩を振って食べる。

タナガの素揚げ

◆ウニのうま煮

【材料】ウニ、酒、砂糖、塩、ねぎ

【作り方】

1　ウニを鍋に入れ、弱火で煮る。
2　煮立ったら酒、砂糖、塩少々を加え強火で煮たのち、火を止める。
3　仕上げに、ネギの小口切りを上にのせる。

◆つき揚げ

【材料】白身魚、黒糖、塩、油

【作り方】

1　白身魚は、三枚におろして、小骨もはぶく。
2　1をすり鉢で突き、充分に練る。
3　手にねっとりつくくらいにする。
4　黒糖少々と塩少々をこねながら混ぜる。
5　平らの型か、手で平らにかたちを作る。
6　1cm 以内の厚さ。好みで厚くてもよいが、揚げ時間を調整する。
7　鍋に油を熱して、手のひらにのせた生地を静かに流し込むように入れる。
8　香ばしく黄金色になり、浮いてくるとよい。

つき揚げ

◆つき揚げ（さつま揚げ）の炒め

【材料】つき揚げ、砂糖、醤油、油

【作り方】

1 つき揚げは、大きめに切る。
2 少々の油で炒める。
3 砂糖、醤油少々を加え、うす味で仕上げる（つき揚げに味が付いているので、うす味に仕上げる）。

つき揚げの炒め

◆魚の味噌漬

【材料】赤ウルメ、カワハギ、ムロアジ、塩、味噌

【作り方】

1 魚は三枚におろし、うす塩をして油で揚げる。
2 1を味噌の中に漬け込む。
3 1カ月くらいは美味しく食べられる。

※ 味噌漬けの材料として、豚の三枚肉、イカ、タコ、貝類、豚の耳、揚げ豆腐、昆布、人参、などがある。

魚の味噌漬

◆鰹節の味噌漬①

【材料】鰹節、味噌、または醤油

【作り方】

1 鰹節１本を味噌、または醤油に漬ける。
2 漬けすぎないように出して味噌の上におく。醤油の場合は取り出す。
3 斜め切りにしておかずに。
4 むしってサラダに。
5 鰹のお汁に。
6 お茶漬けに。

鰹節の味噌漬

◆鰹節の醤油漬②

鰹節の醤油漬

◆なまり節の即席味噌まぶし③

【材料】なまり節、味噌、黒糖

【作り方】

1　なまり節を大き目にちぎる。

2　味噌に砂糖を加えて、よく混ぜ合わせる。

3　1を2に加えて、混ぜ合わす。

4　即、食べられるので、お茶うけ、ご飯のおかず、おにぎりの具などに用いられる。

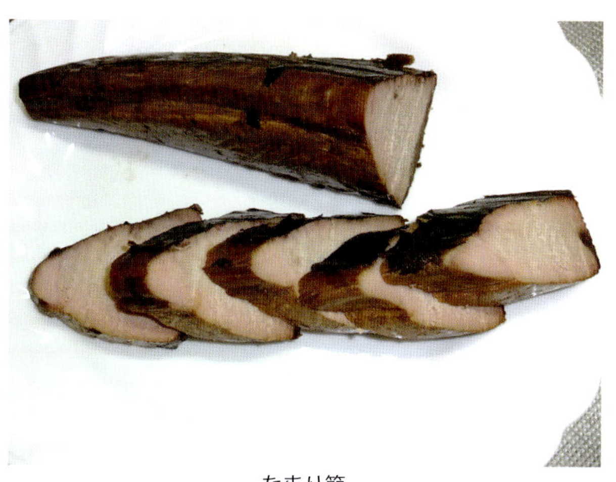

なまり節

◆けずり節味噌

【材料】味噌、けずり節、黒糖

【作り方】

1　けずり節を乾燥させ、手でもみ、細かくする。

2　砂糖を味噌に混ぜる。

3　1と2をよく混ぜる。

4　お茶うけに、好みで魚や肉類に添えるなど、さまざまに工夫できる。

◆塩辛・塩漬け

カツオ塩辛、シュク（アイゴの子）塩辛、キビナゴの塩辛、イカ塩辛、サワガニの塩漬け。

シュクは、塩と酢で10日くらい漬け込むと、丸ごと食べられる。初夏の大潮のとき、大きな密集した群れで浅瀬に寄り付き、季節を知らせる魚といわれる。

イカの塩辛

◆ニャ（貝）

テラジャ（トビンニャ）、チョウセンサザエ・イボアナゴ・シラヒゲウニ・夜光貝・オオベッコウガサ

- テラジャ／リーフの砂地を飛び跳ねる貝という意味から、奄美ではトビンニャとも呼ぶ。10～3月に採れる。しっかり砂ぬきをして塩茹でし、爪楊枝を刺して殻をクルッと回すと簡単に身がぬける。新鮮な潮の香りがして美味しい。
- チョウセンサザエ／壺焼き、塩茹でして身を取り出し、切って多様な料理に用いる。
- イボアナゴ／刺身、網焼き、塩茹でなど。
- シラヒゲウニ／生で食べる。ウニ入り卵焼き、卵とじ、塩漬け。
- 夜光貝／身が固いので蒸して柔らかくして、薄く切り、混ぜご飯、炒めるなど。
- オオベッコウガサ／塩茹で。

テラジャ（トビンニャ）

海藻の料理

◆アオサ天ぷら

【材料】アオサ、小麦粉、卵、塩、油

【作り方】

1　乾燥アオサの場合は、しばらく水に浸し、そのあとしっかり水切りする。
2　小麦粉はあまりかき混ぜない、溶き卵を加える。
3　丸めない形で、すばやくからっと揚げる。

◆アオサとエビの汁

【材料】アオサ、エビのむき身、鰹だし、塩

【作り方】

1　アオサを水に浸して、よく絞っておく。
2　沸騰した鍋に、鰹だしを加え、エビのむき身を入れる。
3　1を加え調味料の調整をする。
4　煮すぎないようにする。

アオサとエビの汁

◆フノリの炊き合わせ

【材料】フノリ、大豆、だし汁、塩、水

【作り方】

1 フノリを水に浸しておく。
2 大豆を水に浸しておく。
3 大豆を固めに煮る。
4 鍋に水とだし汁を入れて、混ぜ合わせる。
5 水切りしたフノリと大豆煮を炊き合わせる。
6 火の調整に気を付ける。
7 焦がさぬように、軽くかき混ぜながら、固まりぐあいをみる。
8 固まったら、器に流し入れる。
9 冷めたら、好みの型に切る。

フノリの炊き合わせ

◆フノリと野菜の味噌汁

【材料】フノリ、大根、トゥチィブル（カボチャ）、里芋、煮干し、味噌

【作り方】

1 煮干しでだしをとる。

2 野菜類を一口大に切る。

3 フノリは洗ってザルにとる。

4 1に大根と里芋を先に加え、しばらくしてトゥチィブルを加える。

5 味噌を加え一煮したら火をとめる。

6 お椀にフノリを入れ、味噌汁を注ぐ。

◆イギスの味噌漬

【材料】イギス、味噌

【作り方】

1 乾燥の場合は、水にしばらく浸す。

2 よく煮る。焦がさぬように混ぜながら煮詰める。

3 2は、器に入れて冷やす。

4 固まったら、味噌に漬け込む。

◆スノリ（モズク）の酢の物

【材料】スノリ、酢、砂糖

【作り方】

1　塩漬けの場合は、よく塩抜きをする。

2　調味料は、好みで酢や砂糖を調合する。

3　2に1を加える。

スノリ（モズク）の酢の物

野菜の料理

◆ハンダマ（スイゼンジナ）の酢味噌和え

【材料】ハンダマ、ジマメ、味噌、砂糖、酢

【作り方】

1　塩少々入れてハンダマを茹でて、少し水に浸して水切りする。
2　ジマメは炒って、細かく砕く。
3　砂糖、酢、味噌、ジマメを合わせ、ハンダマを和える。

ハンダマの酢味噌和え

◆高菜漬けの炒め

【材料】高菜漬物、胡麻、油、砂糖、醤油

【作り方】

1　高菜漬物は、塩抜きをして固く絞る。

2　細切りにする（漬物がすっぱくなった物でもよい）。

3　油を熱したら、2を炒める（焦がさないように）。

4　砂糖少々と醤油少々を加える。

5　仕上げに、炒り胡麻を加える。

高菜漬けの炒め

◆キャベツ炒め

【材料】キャベツ、味噌、煮干し、油

【作り方】

1 キャベツは洗い、大きめに手でちぎる。

2 煮干しは、頭と内臓部分をはぶいて、半分に折る。

3 油をひいたフライパンで、2を炒める。

4 3に1を入れて、炒める。

5 4に味噌と砂糖少々を加え、調味する。

キャベツ炒め

◆大根と厚揚げ・昆布の煮物

【材料】大根、厚揚げ、昆布、煮干し、醤油、砂糖またはみりん、料理用酒

【作り方】

1　大根は、2～3cmに輪切りにし、皮をむく。

2　浸した昆布を結ぶ、厚揚げは油抜きする。

3　煮干しの頭、内臓部分を取り除き、煮てだしを取る。

4　3に1と2の昆布を加えて煮る。

5　大根がある程度煮えたら、2の厚揚げを加える。

6　調味料を調合して加えて、おとし蓋で煮る。

大根と厚揚げ・昆布の煮物

◆大根葉の炒め

【材料】大根の葉、煮干し、砂糖、油、醤油

【作り方】

1　大根葉は茹でる。水をよく切り絞っておく。

2　多めの油で煮干しを炒める。（黄金色になり香りがたつまで）

3　2に大根葉を加え炒めながら、砂糖少々と鍋の縁から醤油を加え、煎るように混ぜながら、水分がなくなるまで弱火で仕上げる（大根葉の炒めは日持ちがするので、他の料理に添えることができる）。

大根葉の炒め

◆大根葉の酢味噌和え

【材料】大根葉、味噌、酢、醤油、砂糖

【作り方】

1　大根の葉は茹でる（柔らかいので少し固めに茹でる）。水切りをする。

2　調味料は合せておく（少し濃い目に）。

3　1と2を混ぜ合わせる。

大根葉の酢味噌和え

◆ニガウリの天ぷら

【材料】ニガウリ、小麦粉、塩、油

【作り方】

1　1本のニガウリの中央で切り、中の種を取り除く。

2　ニガウリは、6 mmくらいの輪切りにする。

3　小麦粉に塩を少々混ぜ、2の両面に軽くたたく（水でねらない）。

4　油は中火にする。

5　ころもを付けないので、油を吸収せず、カラット美味しく揚がる。

ニガウリの天ぷら

◆ニガウリの素焼き

【材料】ニガウリ、けずり節

【作り方】

1　ニガウリを二つに割り、種を出す。

2　網で焼く。さっくり歯ごたえのあるくらいに、焼き過ぎないように。

3　細く半月に切る。

4　けずり節をのせ、醤油かポン酢で食べる。

ニガウリの素焼き

◆千切り大根の味噌汁

【材料】大根、煮干し、味噌

【作り方】

1　大根は、千切りにする。

2　煮干しは、すり鉢で潰す。

3　鍋に水を入れ、沸騰したら 2 を加える。

4　3 に 1 を加えて煮る。

5　4 に味噌を加える。

◆島ウリ（キュウリ）の酢味噌和え

【材料】島ウリ、味噌、砂糖、酢、塩

【作り方】

1　島ウリは、皮をむいて縦に切り分け、種を取り出す。

2　島ウリは、塩もみしてから水であらいながし、固く絞る。

3　砂糖、味噌を合わせ、2 を和える。

◆島ウリ（キュウリ）と鰹なまり節の酢醤油和え

【材料】島ウリ、なまり節、酢、黒糖、胡麻、塩

【作り方】

1　島ウリは、皮をむいて縦に切り分け、種を取り出す。

2　島ウリは、半月型の薄めに切る。

3　塩もみしてから水であらいながし、固く絞る。

4　なまり節は、一口くらいにちぎる。

5　砂糖と酢を混ぜる。

6　3 と 4 に 5 を加え、よく混ぜ合わせる。

◆ナブラ（ヘチマ）の味噌炒め①

【材料】ナブラ、煮干し、味噌、油

【作り方】

1　煮干しを炒め、または豚三枚肉を炒める。少し水を入れ煮込む。

2　1の水分がなくなる前に油を加え、輪切りのナブラを加えて、強火で炒める。

3　味噌をとき加える（ナブラは汁がでるが、汁びたしが美味しい）。

ナブラ（ヘチマ）の味噌炒め①

◆ナブラ（ヘチマ）の味噌炒め②

豚三枚肉を炒め、ナブラと味噌、黒糖を加える。

ナブラの味噌炒め（豚肉）②

◆トゥチィブル（カボチャ）の含め煮

【材料】トゥチィブル、鰹だし、醤油

【作り方】

1　トゥチィブルは、皮をむき 4 ～ 5cm くらいに切る。

2　1を煮立っただし汁に入れ、醤油を少々加える。

3　おとし蓋をして中火で煮る。水分が減るのを見て火を止め、しばらく含め煮にする。

トゥチィブル（カボチャ）の含め煮

◆シブリ（トウガン）の煮物

【材料】シブリ、豚肉（または豚骨）、味噌、砂糖、醤油、塩

【作り方】

1　豚肉は、塩漬けなら3～5回ぐらい、水を替えて茹でこぼす。

2　豚骨の場合も塩漬けなら、1と同じようにし、アクをすくい取る。

3　1と2も柔らかくなるまで煮る。

4　シブリは二等分に切り、皮をむき中の種部分をくり抜いて、4～5cmくらいに切り、3に加えて煮る。

5　調味料を加える。シブリは水分が多い作物だから、少々濃いめの味付けに調整する。

シブリ（トウガン）の煮物

◆フダンソウのひたし煮

【材料】フダンソウ、豚三枚肉、味噌、油

【作り方】

1　フダンソウは素早く湯通しし、水切りして 3cm くらいに切る。

2　豚三枚肉を 2cm くらいに切り、焦げ目をつけて焼く。

3　味噌は溶いておく。

4　2 に 1 を加え、溶いた味噌を入れ調味する（フダンソウは煮過ぎない）。

◆人参のうま煮

【材料】人参、醤油、けずり節だし、塩

【作り方】

1　人参の皮はむかないで、5cm くらいに切る。

2　水煮して、柔らかくなったら火を中火にする。

3　2 にだし、醤油を少々と塩を少し加え、水気がなくなるまで弱火で煮る（人参の甘味を活かし砂糖は用いない）。

人参のうま煮

◆ナスの味噌炒め

【材料】ナス、豚肉、味噌、砂糖、油

【作り方】

1　ナスは縦に短冊に切る。

2　豚肉を炒め、ナスを加えて強火で炒める。

3　調味料を加え、形がくずれないうちに仕上げる。

ナスの味噌炒め

◆クワイ（芋の茎）の炒め物

【材料】クワイ、ジマメ（落花生）、煮干し、油、味噌、醤油、黒糖

【作り方】

1　クワイは、料理によって 3cm くらいに切る。

2　ジマメは炒ると香りがよい。

3　2 に 1 を加えて炒める。

4　黒糖少々と味噌を加え、和えて素早く仕上げる。

クワイの炒め物

◆青野菜の胡麻和え

【材料】青菜（野菜は有り合わせでよい）、摺り胡麻、酢、砂糖

【作り方】

1　青菜は茹でる。

2　摺り胡麻、酢、砂糖を合わせておく。

3　1を2で和える。

青野菜の胡麻和え

◆ツバサ（ツワブキ）の煮物

【材料】豚骨、ツバサ、昆布、筍、人参、厚揚げ、砂糖（みりんでもよい）、料理用酒、醤油

【作り方】

1 豚骨は、茹でこぼして塩抜きをする。
2 ツバサ、筍、人参は、5cm に切る。
3 水に浸した昆布は結ぶ。厚揚げは、熱湯で油抜きする。
4 1が柔らかくなったら、2のツワブキ、3の昆布を加え煮る。
5 4に人参、厚揚げを加え、合わせておいた調味料を加えて煮る。
6 中火でじっくり煮込んで味を含ませる。

茹でたツバサ（ツワブキ）

ツバサ（ツワブキ）の煮物

◆ツバサ（ツワブキ）とフル（ニンニク）の葉炒め

【材料】ツバサ、フル、醤油、黒糖（またはみりん）、油

【作り方】

1　ツバサは 5cm くらいに切る。フルは 3cm くらいに切り水気をとる。

2　ツバサを油で炒め、調味料を加える。

3　2 にフルを加え、火を止める。

※　好みで豚肉または、煮干しを炒めて用いるのもよい。

ツバサとフル（ニンニク）の葉炒め

◆パパイヤの炒め

【材料】青いパパイヤ、豚肉、油、みりん、砂糖、塩

【作り方】

1　パパイヤは皮をむき千切りにして、水または塩水につけて、あく抜きをする。

2　豚肉は細切りにして、炒める。

3　材料を炒めて、塩、みりん、砂糖で味付けする（炒めすぎないように）。

◆パパイヤのなます

【材料】パパイヤ、かつお節、胡麻またはジマメ、醤油、砂糖、酢、生姜汁

【作り方】

1　パパイヤは皮をむき千切りにして、水または塩水につけて、あく抜きをする。

2　1を固く絞り、水切りする。

3　合わせ酢をつくり、パパイヤを和える。

4　3に胡麻とかつお節を加えてよく和える。

◆ツバサ（ツワブキ）の佃煮

【材料】ツバサ、醤油、みりん、黒糖、白ゴマ

【作り方】

1　ツバサは30分茹で、皮をむき5cmくらいに切る。

2　1を2～3日水の中に浸けてアクを抜く。

3　2を水切りし、調味料でじっくり煮詰める。

4　煮詰めたツバサに白ゴマをふりかける。

◆ニガナ（ホソバワダン）の油炒め

【材料】ニガナ、豚肉、だし汁、醤油、味噌、油

【作り方】

1　ニガナは素早く茹で、1時間くらいあく抜きのために水に浸し、固く絞る。

2　豚肉を炒め1を加え炒め、だし汁を加え、味付けする。

◆長命草（ボタンボウフウ）の胡麻和え

【材料】長命草、すり胡麻、酢、砂糖、醤油

【作り方】

1　長命草を茹でる（硬いので充分に茹でる）。

2　水切りし、合わせ調味料を準備する。

3　2をよく混ぜ合わせる。

長命草（ボタンボウフウ）の胡麻和え

◆ダーナ（コサンダケ）の煮物

【材料】ダーナ、カツオだし、ツワブキ、砂糖、醤油

【作り方】

1　ダーナとツワブキを20分くらい水煮をする。

2　1にだしと調味料を加える。

ダーナ

◆ダーナ（コサンダケ）の味噌汁

【材料】ダーナ、豆腐、カツオだし、味噌

【作り方】

1　皮をむく。

2　乱切りにする。

3　豆腐は3cmくらいに切る。

4　2が煮えたら、豆腐と味噌を加える。

◆ノビルの酢味噌和え

【材料】ノビル、味噌、酢、けずり節

【作り方】

1　よく洗い薄い皮と根を取り除く。

2　5分ぐらい茹でて、調合した調味料を加えて酢味噌和えにする。味噌を添えて食べても美味しい。

◆ラッキョの油炒め

【材料】塩漬けのラッキョ、けずり節、黒糖、油

【作り方】

1　塩漬けのラッキョが、あさ漬けの頃に、塩抜きする。

2　ラッキョ１個を三等分くらいに切る。

3　油を熱して、２を炒める。

4　歯ごたえを残す程度に炒め、くだいた黒糖少々を加える。

5　仕上げに、けずり節を加える。

ラッキョの油炒め

豆、豆腐を使った料理

◆モヤシ作り

【材料】大豆、水、ムシロ

【作り方】

1 大豆を前日に水に浸しておく。

2 ムシロをかぶせておく。

3 毎日、朝晩に水をかける。

4 大豆の芽がでる様子を見ながら、水の調整をすることが大切。

モヤシ

◆モヤシ炒め

【材料】モヤシ、フルの葉またはニラ、卵、けずり節、塩、醤油

【作り方】

1　モヤシは強火で炒める。

2　フルの葉を加える。

3　好みで塩か醤油を加える。

4　仕上げに溶き卵をかける（モヤシ炒めは強火ですばやく炒める）。

モヤシとニラ炒め

◆ホロ豆の酢味噌和え

【材料】ホロ豆、砂糖、酢、味噌、かつお節

【作り方】

1　ホロ豆は、茹でて 3cm に切りそろえ、水切りする。
2　砂糖、酢、味噌をあわせておく。
3　器にもり仕上げにかつお節をのせる。

◆モヤシの味噌汁

【材料】モヤシ、フルの葉、煮干し、味噌

【作り方】

1　モヤシは、よく洗っておく。
2　フルの葉は、1cm くらいに切る。
3　煮干しは、すり鉢で、粗めに潰しておく。
4　鍋に水と 3 を加えて、中火で煮て 1 と 2 を加える。仕上げに味噌を加える。
5　4 は、味噌の風味がとばないように、モヤシとフルの葉も煮過ぎないようにする。

◆ごー汁（大豆の味噌汁）

【材料】大豆、煮干し、味噌

【作り方】

1　前日の夜に大豆は、水に浸しておく。
2　すり鉢に水切りした大豆を入れて、砕く。
3　煮干しは、粗く大豆と砕く。
4　砕いたら、水を加える。
5　鍋に移して、ごく弱火で煮る。
6　味噌を溶かして、5 に入れ、味をととのえる。

◆茹でジマメ（落花生）

殻つきのまま、たっぷりの水で茹で、頃合いを見て塩を適量加える。

◆ジマメ（落花生）とニガウリの味噌炒め

【材料】ジマメ、ニガウリ、豚肉、砂糖、だし汁、味噌

【作り方】

1　ニガウリは、縦半分に切り種を出し半輪切りにする。
2　豚肉を小さめに切って炒める。
3　ジマメは炒り、粗めに砕いておく。
4　2に1と3を加えて炒める。
5　炒めすぎず、調味料を加える。

ジマメとニガウリの味噌炒め

◆ニガウリのジマメ和え

【材料】ニガウリ、ささみ、ジマメ、砂糖、生姜汁、醤油、酢

【作り方】

1　ニガウリは、縦二つに切り種をはぶき、斜めに薄めに切る。

2　1を塩でもみ、2～3分おいたあとに水洗いする。

3　ササミを蒸して、みをほぐす。

4　ジマメは、炒ってから砕く。

5　ニガウリは、かるく油で炒める。

6　材料を合わせて、味付けする。

ニガウリのジマメ和え

◆ジマメ（落花生）の天ぷら

【材料】ジマメ、小麦粉、煮干し、塩、砂糖、油

【作り方】

1　ジマメは洗い、すり鉢でジマメが半分に割れるようにつぶす。

2　煮干しは、すり鉢で細かくくだく。

3　1と2を合わせ、砂糖少々と塩を加える。

4　小麦粉は、固くねらない、水加減をする。

5　3と4を混ぜる。

6　火加減を調整し、ジマメに火が通るように、しっかり揚げる。

ジマメ（落花生）の天ぷら

◆ジマメ（落花生）雑炊

【材料】米、水、ジマメ、芋ツル、人参、フル、味噌、塩

【作り方】

1 ジマメは、すり鉢で粗めにつぶす。
2 鍋に米、水、ジマメを加えて炊く。
3 芋ツルはかるく茹で、1cm くらいに切る。
4 人参、フルは、みじん切り。
5 3、4 を 2 の中に入れて煮る。
6 5 に味噌と塩少々を加えて味をととのえる。

◆ジマメ（落花生）豆腐

【材料】ジマメ、でんぷん、水
（たれの材料）醤油（濃口）、みりん、梅干し、砂糖

【作り方】

1 ジマメは、一晩水につけておく。
2 水切りしたジマメに、熱湯をかけ皮をむく。
3 すり鉢で、よくつぶして分量の水を加えて、布巾でこす。
4 3 を鍋に入れ、その中にでんぷんをいれて、よくかき混ぜる。
5 4 が固まってきたら、さらに 5 分ほど練り混ぜる。
6 水で濡らした流し箱に、5 を流し込み冷やす。
7 梅干しは種を取り、小さくきざむ。
8 たれの材料を合わせて煮る。

ジマメ（落花生）豆腐

◆ジマメ（落花生）の味噌①

【材料】ジマメ、黒糖、味噌

【作り方】

1　ジマメは、炒った後、冷ましてから手でもんで薄皮をはずす。

2　砂糖と味噌を合わせて、弱火で練っておく。

3　2の中に1のジマメを混ぜる。

ジマメ（落花生）の味噌

◆ジマメ（落花生）の味噌②

【材料】ジマメ、黒糖、味噌、けずり節、油

【作り方】

1　ジマメは、フライパンに油を入れ、炒り焼きする。

2　火を止めた直後のフライパン 1 に、けずり節を入れて混ぜる。

3　砂糖と味噌を合わせて、弱火で練っておく。

4　3 に 2 を入れて、焦がさないように弱火で、よく混ぜ合わせる。

ジマメ（落花生）の味噌

◆厚揚げの煮付け

【材料】厚揚げ、砂糖、鰹だし汁、醤油

【作り方】

1　厚揚げは、熱湯に入れて油ぬきする。

2　鍋のだし汁に１を加え、調味料を加えて中火でゆっくり煮込む。

厚揚げの煮付け

◆豆腐

綿豆腐は、箸が刺さるくらいの固めで、炒め物、煮物、和え物、汁物と用途は多様である。

厚揚げは、三角で厚みがあり、煮物には欠かせない食材である。炒め物、焼いて醤油をかけて食べるなど重宝な食材である。

おからは、大豆が少々混ざっていて、フル（ニンニク）の葉を入れた炒り煮が美味しい。

綿豆腐

厚揚げ

◆豆腐の味噌汁

【材料】豆腐、煮干し、フルの葉、味噌

【作り方】

1　煮干しは、すり鉢でつぶす。

2　1を水から煮る。

3　2に味噌と豆腐を加えて、ひと煮する。

4　仕上げに、フルの葉を加える。

◆おから炒り炒め

【材料】おから、油揚げ、けずり節、ネギ、胡麻、塩

【作り方】

1　フライパンに油を多めに入れ、熱する。
2　弱火で、おからと油揚げを炒り炒めする。
3　けずり節と塩を入れる。
4　味を調整する。
5　ネギと胡麻を入れる。
6　ふりかけ風に、炒り炒めで仕上げる。

おからの炒り炒め

芋を使った料理

芋類は、蒸かしても焼き芋にしても美味しく食べられ、また、米、餅と組み合わせて、主食なみに調理されている。揚げ物の天ぷらにも重宝されている食材である。

◆里芋と野菜の天ぷら

【材料】里芋、人参、トゥチィブル、サツマイモ、ナス、ネギ、小麦粉、塩、油

【作り方】

1　里芋、人参、トゥチィブル、サツマイモ、ナスは、少々厚めに切る。

2　ネギは、5cm くらいの長さに切る。

3　ボールに入れた小麦粉に、塩少々を混ぜておく。

4　3 は、あまりこねまわさない。

5　1 の固い具材から先に揚げる。

里芋と野菜の天ぷら

◆里芋のでんがく

里芋のでんがく

【材料】里芋、味噌、胡麻、酢、砂糖

【作り方】

1　里芋は、皮のまま茹でて冷まして皮をむく。

2　胡麻は炒ってから、すり鉢でする。

3　2に砂糖、味噌、酢を合わせ、里芋をよくまぶす。

◆トンネッキャ（イモの合わせ）

【材料】サツマイモ（トン）、里芋または田芋、塩

【作り方】

1　芋類は皮のまま塩少々入れて蒸す。

2　芋類の皮をむく。

3　すり鉢で、芋類を練る。

4　ねっとりしたら、仕上がり。

◆餅入りトンネッキャ

【材料】もち、サツマイモ（トン）、里芋、砂糖、塩

【作り方】

1　芋類は皮のまま塩少々入れて蒸す。

2　芋類の皮をむく。

3　固い餅を水に浸しておく。蒸す。

4　2と3をすり鉢で練り混ぜ、砂糖、塩は少々加える。

5　粘りよく混ざるとよい。

※　奄美の年中行事に新年の1月に、十四日正月があり、桃や榎の小枝に指頭大の赤、白、緑の三色の餅を付けて、家の中や墓前に供え、家族の安泰と祖先供養、五穀豊穣を予祝する。この餅を餅入りトンネッキャに用いる。

◆サツマイモ入りご飯

【材料】米、サツマイモ、塩

【作り方】

1　米をとぎ、芋は小口に切る。

2　1に少々塩を加え、炊く。

3　炊けたら、よく混ぜる。

◆ジャガイモの含め煮

【材料】ジャガイモ、カツオだし、醤油、砂糖、塩

【作り方】

1　ジャガイモは、大き目に乱切りにする。

2　10分くらい水煮をする。

3　2にだしと砂糖少々、醤油少々、塩少々を加える。

ジャガイモの含め煮

◆ジャガイモ入り混ぜご飯

【材料】米、水、ツワブキ、ゴボウ、人参、きくらげ、ジャガイモ、かしわ、筍、醤油、油、だし汁

【作り方】

1　米は洗って分量の水につけておく。

2　ツワブキを茹でて、一晩水に浸して1cmくらいに切る。

3　ゴボウは、ささがきにして水に浸す。筍は細切りにする。

4　きくらげは水でもどして、千切りにする。

5　ジャガイモは2cm角切り、かしわは小さめに切る。

6　2、3、4、5を油で炒める。

7　1と6に醤油を入れて、炊き上げる。

米を使った料理

米料理は、地域や各家庭によってさまざまな調理法がある。新米が収穫されると、香りのいい真っ白で艶やかなご飯を炊き、白米の美味しさを味わう。

主食であり、また、多様な具材と組み合わせて、味の付いたご飯として、工夫の自在な食材である。

◆新米のご飯

【材料】米、水

【作り方】

1 米は、かるく洗う。

2 ふきこぼさないように、火加減をする。

◆新米のおにぎり

【材料】新米ご飯、塩

【作り方】

1 米は、あまりかきまわして、とがない。

2 ご飯をおにぎりにする

3 にぎる時に、手に塩を振っておく。

4 つやつやした新米の香りと美味しさを味わうために、おにぎりに具は用いない。

◆焼きめし

【材料】冷たいご飯、けずり節、フルの葉またはネギ、油、醤油、塩

【作り方】

1 油を引いたフライパンで冷たいご飯を炒める。

2 1にけずり節を加えて、強火で炒める。

3 2に鍋の縁から、醤油を加え、塩を少々、味の調整をする。

4 3に、薬味として1cmくらいに切ったフルの葉を仕上げに加える。

◆高菜包みおにぎり

【材料】米、高菜漬物、けずり節、醤油、塩

【作り方】

1 普通にご飯を炊く。
2 高菜は水に浸して、軽く塩を抜く。
3 けずり節は、醤油を少々振っておく。
4 おにぎりの形は、丸、俵、三角があり、好みで握る。
5 おにぎりの真ん中にけずり節を入れる。
6 にぎる時に薄く塩を全体になじませる。
7 高菜で包む。

高菜包みおにぎり

◆小豆粥

【材料】島小豆、米、水、塩

【作り方】

1　島小豆は、しばらく水に浸しておいてから、固めに煮ておく。

2　米は分量によって、粥のように水で炊く。

3　炊いている途中で、1を加えて炊く。

4　粥は好みで加減する。

※　その他、赤飯、ぜんざい、米菓子などに小豆と米は用いられる。

小豆粥

◆ナリ（ソテツの実）粥

【材料】ナリでんぷん、米、水

【作り方】

1　米をとぎ、お粥を炊く。

2　ナリでんぷんは、30 分前後水に浸し、上澄みをすてる。

3　1 のお粥に 2 を加えて、20 ～ 30 分くらいよく混ぜながら炊く。

4　炊きすぎないように。また、火を止めてから丁寧に混ぜるのがコツである。

奄美には、ソテツを食べた苦難の歴史がある。ソテツ地獄と呼ばれた時代で、藩政時代と第二次世界大戦後である。

藩政時代のシマ唄に、ソテツ粥が次のように歌われている。

にしぬくちから　しらほやまきゃまきゃきゅーり
すてちぬどぅがきがいや　はんこぅぶせよ
ウトメーマシュ　すてちぬどぅがきがいや
はんこぅぶせよ　ウトメーマシュ
せんこぬねだな　まちぎぬはーばせんこちとぼち
やがまわくゎんのんまる　にばんこぎねがお

歌意は、西の方向から白い帆をゆらゆらさせて船がくるよ。ソテツ粥はひっくり返してすてよう。ソテツ粥はひっくり返してすてよう。お線香がないから、松の葉を線香の代わりに焚いて、山川港からの観音丸が二度航海できるようにお願いしよう。

この歌には、藩政時代の黒糖生産の苦悩が背景にみえる。季節風に乗って米を積んだ船の帆が沖の方に見え、その帆を見た人々のようやく米が食べられるという喜びが表されている。

嬉しさのあまり、手にしていたソテツ粥を捨てた女性の様子が歌われ、年に一度鹿児島から航海してくる船が、年に二度航海してくれますように、と松の葉を線香の代わりに焚いて、祈願している。

当時の人々は、ソテツの幹から取り出し乾燥させたデン粉で作る粥を主食にして、飢えをしのぎながらの黒糖生産を余儀なくされていた。藩政時代の人々の過酷な暮らし向きが物語的に組み込まれている歌である。

第二次世界大戦後、米国軍政下における食糧難の時期に、闇市ではソテツの粉を丸めて乾燥させた「ソテツにぎり」が主食として販売されていた。粥にすると黒ずんで独特の匂いがする。配給品の大豆を少々加えて炊いていたものだ。

◆いなりずし

【材料】米、あげ、砂糖、塩、醤油（薄口）、酢

【作り方】

1　ご飯を炊く。

2　合わせ酢を作る。酢大さじ１杯、砂糖大さじ３杯、塩小さじおよそ半分。

3　すし飯を作る。あたたかいご飯に合わせ酢をふりかけ、ウチワであおいで冷ましながら混ぜる。

4　形よく、あげに詰める。

いなりずし

◆のり巻き

【材料】米、海苔、卵、ホウレンソウ、デンプ、酢、砂糖、塩

【作り方】

1　卵を焼き、1cm 幅くらいに切る。ホウレンソウを茹で水切りしておく。

2　酢、砂糖、塩少々を合わせておく。

3　ご飯がたけたら、大き目の器に移し、2 を加えながら、うちわであおいで冷ます。

4　海苔はサッとあぶる。

5　広げた海苔の上に、ご飯をのせて、中央に 1 とデンプを並べて巻く。

のり巻き

◆赤　飯

【材料】米、もち米、小豆

【作り方】

1　米をといで、ザルで水をきる。

2　小豆は前夜に浸しておく。

3　1と2を混ぜる。

4　蒸し器に入れて、蒸しあげる。

赤飯

麺類の料理

麺類は、奄美諸島では古くから親しまれてきた食材である。歴史的に見ると、薩摩藩政時代に、ソウメンが多様な料理に用いられるようになった。うどんは、戦後のメリケン粉の配給を機に、主食として用いられるようになった。ソウメンは、油で炒めた油ゾウメンがポピュラーだが、各地域、各家庭で料理法が異なる。例えば、汁気のある場合、全くない場合などがある。

◆ソウメン炒め（油ゾウメン）

【材料】ソウメン、フルの葉またはニラ、油、煮干しまたは生節、鰹けずり節、塩、醤油

【作り方】

1 フル葉は 2cm に切る。
2 ソウメンは、やや固めに茹でる。（ソウメンは茹でたら少々油を混ぜておくと固まらない）
3 煮干しまたは生節を炒め、ソウメンを加えよく混ぜ合わせる。
4 好みで塩のみか、醤油を鍋の縁から加える。
5 薬味としてのフルの葉を仕上げに加える。

ソウメン炒め（油ゾウメン）

◆ソウメンの汁

【材料】ソウメン、けずり節、だし昆布、ネギ、塩、醤油

【作り方】

1　ソウメンを茹でる。

2　水からだし昆布を入れる。

3　昆布を取り出し、けずり節を入れる。

4　3をひと煮したら、こして澄まし汁にする。

5　澄まし汁を弱火で煮て、1を加える。

6　塩と少々の醤油で、味付けする。

7　仕上げにネギを加える。

◆うどん

【材料】うどん、けずり節、蒲鉾、醤油、塩、ネギ

【作り方】

1　乾燥麺を茹でる。

2　けずり節をひと煮して、こしてだし汁を作る。

3　2に1を加えて、塩と少々の醤油で味付けする。

4　仕上げに、蒲鉾とネギを加える。

◆うどんの炒め物①

【材料】うどん、煮干しか鰹けずり節、キャベツ、ネギ、人参、小エビ、塩・醤油、油

【作り方】

1　麺は茹でて、水切りしたら油を少々混ぜておく。

2　煮干しを炒め、野菜類や小エビを加え炒める。

3　麺に 2 をよく混ぜて炒め、塩と少々醤油を加える。

うどんの炒め物①

◆うどんの炒め物②

【材料】うどん、煮干し、ネギ、

【作り方】

1　麺を茹でて、水切りしたら油を少々混ぜておく。

2　煮干しを炒める。

3　1と2を混ぜて炒め、塩で味をつけ、ネギを加える。

うどんの炒め物②

◆五目うどん

【材料】うどん、人参、里芋、大根、煮干し、味噌

【作り方】

1　うどんを茹でる。

2　人参、里芋、大根は、小口に切る。

3　煮干しは、頭と内臓を取り除く。

4　3でだしをとったら、2を加えて煮る。

5　味噌を加えて、味をととのえる。

五目うどん

漬物

漬物の効果

漬物の基本は、塩に野菜類を漬けると水分が出て、塩が野菜に浸透する。発酵作用によって美味しくなり、吸収される植物繊維量も増加する。

漬物は、塩分が多くて健康にはよくないとイメージされがちだが、アルカリ性食品であり、血液をアルカリ性にするという、健康維持に重要な働きを持つ。

また、植物繊維に富み、整腸効果をもつ乳酸菌が漬物からとれる。また、熱を通していないのでビタミン類も豊富に残る。黒糖を加えることで、ミネラルも同時に摂れる。

◆フル（ニンニク）の塩漬

【材料】フル（ニンニク）、塩

【作り方】

1　皮つきフル（ニンニク）を洗い、水気を取る。
2　1に塩をむらがないようにすりこみ、口の小さ目なカメに入れて密封する。
3　1週間くらいたったら、カメを逆さにする。つけ汁を出すため。
4　塩漬けしたものは、砂糖漬、酢漬、味噌漬などに用いる。
5　フル（ニンニク）の収穫時期は、2～3月頃で、葉が7～8枚の頃がよい。

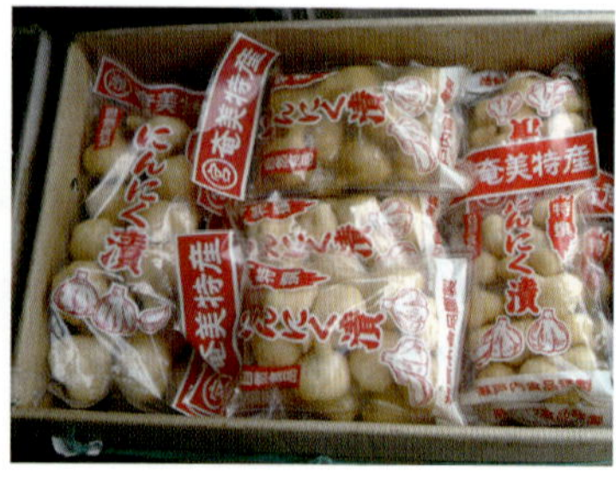

フル（ニンニク）の塩漬

◆フル（ニンニク）の葉漬

【材料】フルの葉、塩

【作り方】

1　葉をよく洗い、水切りする。
2　5～6cm に切る。塩をしっかり混ぜる。
3　2 日くらいで食べられる。
4　保存には、絞って塩水をすてる。

フル（ニンニク）の葉漬

◆フル（ニンニク）の黒糖漬

【材料】塩漬フル（ニンニク）、黒糖ザラメ、酢

【作り方】

1 鍋にザラメと酢を入れ火にかけ、ザラメが溶けたら冷ます。

2 ビンに塩漬フル（ニンニク）を入れて、1を注ぎ入れて密封する。2カ月くらいが食べごろ。

◆フル（ニンニク）の酢漬

【材料】フル、塩、酢、黒糖粉（白）

【作り方】

1 フルに塩70gを入れて混ぜて1晩つけておく。

2 漬けたフルを水切りし、酢と黒糖を沸騰させ冷まして、フルを漬ける。

◆高菜の塩漬

【材料】高菜、塩、唐辛子

【作り方】

1 高菜は洗い、1日干す。

2 樽に高菜に塩をよくなじませながら漬け込む。

3 2に押しぶたをして、重石をのせる。

◆パパイヤの醤油漬

【材料】（下漬をしてから本漬にする）パパイヤ、塩

（本漬）下漬したパパイヤをつけ汁に漬ける。

（つけ汁）濃口醤油、黒糖、みりん、酢、生姜

【作り方】

（下漬）

1　パパイヤは、青いものを半分に切り、皮をむく。

2　中の種を取り、うすい塩水につけておく。

3　2を塩漬けのまま2日おく。

（本漬）

1　下漬けしたパパイヤの水けをとる。

2　調味料を煮る。

3　2に薄く切った生姜を入れる。

4　3を冷まして、パパイヤを漬け込む。

5　3日目くらいに取り出す。

パパイヤの醤油漬

◆パパイヤ漬（笠利地域）

【材料】生パパイヤ、砂糖、薄口醤油、酢、みりん、本だし、塩

【作り方】

1 青い生パパイヤを、二つ割りにして皮をむく。
2 中の種を出して白い乳液状の汁を十分に出して洗う。
3 水に半日くらい浸けあく抜きをし、水気をきっておく。
4 樽にパパイヤ・塩を入れ２日間重石をしておく。
5 もう一度ザルにあげて水気をきる。
6 鍋に醤油・砂糖・酢・みりん・本だしを入れて炊く。
7 冷めたら樽にパパイヤを並べていれて１カ月漬け込んでおく。

◆パパイヤの味噌漬

【材料】（下漬をしてから本漬にする）パパイヤ、塩

（本漬）味噌、黒糖

【作り方】

1 下漬したパパイヤの水気を切る。
2 味噌と砂糖をよく混ぜる。
3 ２の中にパパイヤを漬け込む。
4 １週間くらいから食べられる。

◆切り干し大根の即席漬け

【材料】切り干し大根、黒糖、醤油、酢

【作り方】

1 乾燥切り干しを一晩、水に浸す。
2 柔らかくなった１を 1cm くらいに切る。
3 砂糖、醤油少々、酢少々を合わせ、水を大スプーン５杯くらい加えて、弱火でひと煮立ちさせる。
4 ３を冷ます。
5 冷めた４を、２にかける。
6 味を調整して、半日くらいおくと食べられる。

◆ラッキョウの砂糖漬

【材料】ラッキョウ、酢、黒糖、塩、唐辛子

【作り方】

1　ラッキョウを洗い、下こしらえをして水気を切る。

2　調味料を溶かして、冷ます。

3　1をビンに入れ、調味料、唐辛子を加える。

4　2～3週間後が食べごろ。

ラッキョウの砂糖漬

飲み物・お菓子

◆ぜんざい

【材料】小豆、黒糖、もち粉、塩、水

【作り方】

1　小豆は洗って、しばらく水に浸しておく。
2　大きな鍋に水を充分にいれ、1を入れる。
3　中火でゆっくり煮る。
4　焦がさないように、かき混ぜながら弱火で煮る。
5　もち粉を水少々でねって、小口ほどの団子をつくる。
6　5は、沸騰した鍋に入れて、10分ぐらい煮る。
7　小豆が柔らかくなったら、黒糖をくだいて加える。
8　7に塩少々加える。
9　よく混ぜて、甘味の調整をする。
10　6を加える。
※　ぜんざいは、お汁粉のように、あまり薄くしないように水加減が大事である。戦後間もなくの頃、小豆と黒糖を用いたぜんざい専門店が数多く生まれた。そこは住民の楽しみの場であった。

◆ミキ

【材料】米、砂糖、サツマイモ、水

【作り方】

1　よく洗った米に水を入れ炊く（おかゆの状態まで）。
2　サツマイモの皮をむき、あくぬきする。
3　おかゆが冷えたら（人肌ぐらい）、2のサツマイモをすりおろして混ぜる。
4　しばらくして砂糖を入れ、木ベラでよくかき混ぜる（さめるまで）。
5　さめたらミキサーにかける（好みで、甘さ・かたさを調整する）。

ミキ

◆スモモ酒

【材料】スモモ、焼酎、黒糖

【作り方】

1　スモモを洗い、ビンに入れる。

2　1に砂糖、焼酎を入れ、約6カ月おく。

◆スモモジュース

【材料】スモモ、黒糖

【作り方】

1　スモモを洗い、種を取る。

2　スモモに砂糖を加え1日おく（汁けをとるため）。

3　2をミキサーにかけ、布巾で絞る。

4　3を加熱する。

5　消毒殺菌した熱いビンに熱いジュースを上まで入れ蓋をする。

◆スモモジャム

【材料】スモモ、黒糖

【作り方】

1　スモモは、種を除き、砂糖を混ぜておく。

2　1をミキサーにかける。

3　2をホーロー鍋に入れて、煮詰める。

◆島みかんジュース

【材料】島みかん、黒糖

【作り方】

1　島みかんの皮をむき絞り、砂糖を加え加熱する。

2　消毒殺菌した熱いビンに熱いジュースを上まで入れ蓋をする。

3　ビンの消毒は水から煮て20分沸騰させる。

◆島みかんジャム

【材料】島みかん、黒糖

【作り方】

1　島みかんは洗い、へたをきりおとす。

2　1を皮ごと四つ割にして、中の種を除く。

3　2をミキサーにかける。

4　できれば、ホーロー鍋に、3と砂糖を入れて煮る。

◆もち天ぷら

【材料】もち米粉、サツマイモ、砂糖、塩、油

【作り方】

1　サツマイモは皮ごと茹で、皮を取りよくつぶす。

2　1にもち米粉、砂糖、塩を加え、水を少しずつ加減しながら加え手につかないぐらいに練る。

3　2を好みの形に整えて、油は低温で黄金色に揚げる。

◆ふくらしもち

【材料】小麦粉、もち粉、黒糖、ソーダ、水

【作り方】

1　小麦粉、もち粉、ソーダを混ぜる。

2　鍋に水を入れて、黒糖を溶かす。

3　2に1を入れて、よくこねる。

4　手のひらから、生地がたれるくらいの柔らかさに、水を調整する。

5　型に生地を流し込む。

6　蒸し器で、およそ1時間蒸す。

◆がじゃまめ

【材料】ジマメ（落花生）、黒糖、水

【作り方】

1　ジマメを炒って、薄皮を取る。

2　火にかけた鍋に黒糖と水を入れる。

3　黒糖が溶けて、アメ状になるまで煮詰める。

4　3にジマメを入れて混ぜ合わす。

5　4を器に入れて冷ます。

がじゃまめ

◆黒糖ドーナツ

【材料】強力粉、薄力粉、黒糖粉、ソーダ、卵

【作り方】

1　強力粉・薄力粉・ソーダをふるいにかける。

2　1に黒糖粉を混ぜる。

3　卵をボールにわり、卵の中に2の粉を入れ混ぜる。

4　フライパンに油を入れ、丸く形を作り揚げる。

黒糖ドーナツ

◆ヨモギ餅

【材料】もち粉、黒糖粉、よもぎ、ソーダ、月桃の葉

【作り方】

1　３月に、よもぎの新芽を摘み、沸騰したお湯によもぎ・ソーダを入れ、ゆがく。
2　ゆがいたよもぎを砕き、その中にもち粉・黒糖粉を入れ、耳たぶぐらいの柔らかさまでこねる。
3　丸めて（80g くらい）月桃の葉に包んで、蒸し器でむす。

ヨモギ餅

◆ふくらかん（むし菓子）（笠利地域）

【材料】小麦粉、黒糖粉、重曹、水

【作り方】

1　小麦粉と重曹をふるいにかける。

2　水と酢をボールに入れ、黒糖粉を溶かす。

3　1に2を少しずつ入れ、粘らないように混ぜる。

4　3を型に流し込んで、蒸し器（蒸気の上がっている）に入れ、蒸す。

5　最初強火に、次に中火にして30分蒸す（はしまたは竹串をたててみて、なにもついてこなければ蒸しあがっている）。

ふくらかん

◆ふな焼き①

【材料】黒糖粉、上餅粉、はったい粉、薄力粉、水、卵、ソーダ

【作り方】

1　材料を混ぜる

2　少し柔らかめにして、弱火でゆっくり、フライパンで片面だけ焼く。

3　火が入ったら２回折り曲げる。

4　３を次々に曲げる。

5　船の形になるように斜めにきる。

ふな焼き

◆ふな焼き②

【材料】小麦粉、黒糖、塩、油

【作り方】

1　具材を固めに混ぜる。
2　油は敷く程度にして、一度に入れて焼き上げる。
3　油で揚げるというより焼く。おやつ、お茶うけとして作られる。

ふな焼き

◆ジマメ（落花生）入りふくらしもち

【材料】小麦粉、もち粉、黒糖、ソーダ、ジマメ、水

【作り方】

1　ジマメはカラをとり煮る。
2　途中でアク抜きのために、茹で汁を捨て、新しい湯でしっかり煮る。
3　小麦粉、もち粉、ソーダを合わせてふるいにかける。
4　黒糖は、分量の水で煮て溶かす。
5　3の中に2と4を入れて、混ぜ練る。
6　練るほど、よい状態になる。
7　蒸し器で、およそ1時間くらい蒸す。

◆かきもち

【材料】もち米、黒ゴマ、塩、かたくり粉

【作り方】

1　もち米は一晩水につけ、水切りしておく。
2　1を蒸して臼でつく。そのあと黒ゴマを混ぜる。
3　2を手につかないように、カタクリ粉を振りながら三等分して、蒲鉾型に細長くする。
4　3を薄切りして、陰干しし乾燥させる。乾燥したら、もちを油で揚げる。

◆あく巻

【材料】もち米、木の灰汁、竹の皮と竹の皮を縦に裂いたもの

【作り方】

1　木の灰汁を沸騰させてこす。
2　1にもち米を前日に浸しておく。
3　2が黄金色なっていたらザルにとりあげる。
4　前日に水に浸しておいた竹の皮に、3をカップ1杯半くらい加減して包みこむ。
5　4を両端を折り中央と、三カ所を竹皮で緩めに結ぶ。
6　1の灰汁を薄めて、5がたっぷり浸かるように加える。
7　6を3～4時間くらい、強火で煮る。
8　7が黄金色になったら仕上がり。
9　食べる時は、竹の皮をはずして、糸で好みの大きさにきる。
10　好みで黒砂糖やきな粉をかけて食べる。

あく巻

◆行事用の餅類

紅白の餅は、正月や祝いごとに用い、また、新築の棟上げ祝いにも用いる。

紅白丸餅

◆じょうひ餅

じょうひ餅は、丹念に時間をかけて加工される上品な餅で、保存がいいのでお祝いごとの引き出物としても重宝された。

作り方は、もち米も品質のいいものを使用し、甘味に黒砂糖と水あめを混ぜて練りあげ、箱に流し込んで平らになるように伸ばす。一昼夜おき、固くなったら、お祝いごとが続くようにという意味で、長方形にカットするという心配りがある。

じょうひ餅

◆型菓子

型菓子は、菓子の型が各家庭によっても異なり、小麦粉、もち米粉に黒糖を用いて、お盆のお供えとして作る。最近は日常にも作られている。

材料は、炒り粉、黒砂糖、水あめを混ぜ合わせ、十分にしっとりさせて、菓子型に抑えて詰める。

型菓子

◆日常用の菓子類

ヨモギ餅、カサ餅、アクマキ、いり粉餅、ふくらかん、ふなやき、もち米のこうしん、ひきゃげ、椎の実餅。

小豆餡子入り丸餅

奄美の加工品専門店

奄美の加工品専門店には、当日に加工された餅類や食材の餅米粉・黒糖・手作り味噌・万病の薬と先人から口承された煎じ用の素材などが、所狭しとばかりに並び、真空パックなどはせず、毎日早朝に製造した作りたての香りが店先に満ちている。

行事と郷土料理

正月儀礼

正月準備は、正月用の晴れ着を揃えることから始まり、年末の 25 ～ 26 日頃には大掃除で諸道具一切を洗い清め、新しい畳に敷き替え、庭には白砂を敷き、27 ～ 28 日には餅をつく。かつては、師走の末の日には各戸豚を屠るなど大多忙を極める。

著者の父・坂井友直は、奄美の徳之島伊仙町阿権出身で、著者『奄美郷土史選集』の中の「徳之島小史」で、伊仙地域の伝統的な正月儀礼の詳細を、次のように記述している。

「門に松、椎の木、ゆずる（ユズリハ）（後に竹も加えるようになる）を立て、七五三の縄を張る。縄に橙、木炭、餅、裏白を結ぶ。床には鏡餅（大中小の三ッ重）の上に橙を載せ、半紙と裏白と譲を左右に敷く。更に御神酒と御神米（はなごめ）、重箱に米、昆布、木炭、餅、橙を入れ折紙の飾りをなし供える。青芝や青竹で垣を整え、庭に白砂を敷き、薪を積み上げ、室内は新調の畳を敷く、これを正月畳と云う 1)」

大晦日は、夕方より毎戸、松、椎、ゆずる、竹を組み合わせて門松を立てる。床上に半紙を敷き大、中、小の餅を三段重ねにして、裏白、譲を大餅の両側の下左右に其の他と装飾する。正月準備は、「師走は切れ草履も踊る」といわれるほど忙しいものである。

「台所には、オウバン竿なる椎の木の丸太を東西に架し、七種の農産物と共に正月用に屠った豚の半身をつるし七五三のしめ縄を張る。飾り物一切を終え、農具、大工道具、文具などにも餅と裏白、譲を添えて年越しさせる。故に借用していた道具一切を当夜迄には必ず返還する風習あり 2)」

名瀬地域では、台所にどこの家庭でもカマドの右上の端に、「火の用心」と書かれた長方形の火の神様の御札が張られていた。伊仙地域の台所には七五三のしめ縄を張り、人の命を維持するための大切な七種の農産物をつるす儀礼は、食に対する感謝が表れている。

「当夜の夕食は、力飯（ちからばん）と称して、硬飯を炊いて椎の木製の大箸を以て一同会食する。年重ね餅を御前に供えて、これを推し頂き年が一歳を増す。この晩はネズミにまでも力飯を供える家もあり、『力飯を召し上がって口がまわらんがねし、足がまわらんがねし、したぼれ』とか『力いぢて、他家の鼠きゃ、追いのけてたぼれ』と唱える。更にこの晩早く寝ると猫になると伝えて一夜を楽しむ風ありしも今はなし[3]」とあり、大晦日の力飯は行く年の健康に感謝し、迎える年の健康を祈願する儀礼である。命あるネズミの健康も共に祈願する慈愛が見られる。

「正月元旦より三日迄を本式の正月と称し、毎日早朝より夜にかけて年頭廻り至る所酒宴が盛ん、箸闘三味線の音がする。4日より農事を始め、午後からは酒宴を開く、これを初原迎という[4]」

正月2日は、新築祝、金山祝（鍛冶屋祝）、大工祝、舟祝の宴会が行われる。

正月3日は、年頭回りをして、夜には釜回りをする。

4日は作場に出て、午後には酒宴を開く。4日の仕事始めは、今昔変わることなく顔合わせのような儀礼である。

7日は七日節句で七種粥を作る、味噌粥の材料は野菜、豚肉など7品の雑炊である。その年に7歳の子供は、隣家7軒の親類知己の家を回り豚骨を頂く慣習があり、七日正月として七草粥を食べる。

8日は、奄美ではこの地域だけに見られることだが、医者に感謝して祝いをする。犬田布当原地域では、犬田布岬祭りがあり宴会を開き、三味線や太鼓で歌い手踊りをする。

11日は、飾り餅で鏡開き、16日は先祖正月で墓前にて酒宴があり、20日が送正月で最終の酒宴である。本正月から送正月の20日間は、酒席が多い。

この日、餅団子を作り、桃の木の枝を折って、枝の先に指頭大の餅団子をつけ、室内に飾り、このように稲が豊かに実ることを祈願する。

阿権地域においては、十四日正月に「榎の枝に黄金咲かしの儀あり[4]」。

16日は、先祖正月で、一切の仕事を休み、酒肴を持参して墓参りをして酒宴を開く。

伊仙町の正月儀礼をまとめると正月元旦は暁明に若水と称し、初水を汲み先祖の位牌に捧げ、子供は若水で書初めをする。また、里芋の大きな葉の水珠を集める場合もある。この書初めを吉書と称して、本家や親類の位牌に供え、正月の清福祈願をする。

朝は、晴着に着替えて新年を祝う席につき、御神酒、三献（お吸い物）、次に祝善を頂き、家族が酒の取り返しをする。その後に位牌元の親類、知己方へ年賀回礼をする。

伊仙地域の1月は、元旦正月、正月2日の祝、正月3日は年頭回り・釜回り、4日作場の酒宴、7日七日節句、8日医者祝、十四日正月、16日先祖正月と祝が開かれ、地域の絆が保たれている。

1月1日 元旦の事例

お神酒

三献

三献は元旦の重要な儀式である。用意された山海の素材を使用し三種（フル）のお吸い物が一椀ずつ三度にわけて運ばれる。

一の膳・椀、白身の魚（マツ）やエビ、蒲鉾

二の膳・椀、卵、ささみ、ネギ

三の膳・椀、お餅、自然芋、椎茸、フル（ニンニク）葉

祝膳

地場産の蕗や筍は煮物の素材として多く使用され、豚類は塩漬けにしたものを何度も茹でこぼして塩分と油分を抜いた後独自の方法で調理される。

1　お刺身（クロマツ、アカマツ）

2　煮物（豚肉の厚切り、大根、ふき、筍）

3　酢の物（人参、大根）

4　煮魚（タイやブリ等）

5　揚物（魚や野菜）もち米の天ぷら

6　厚焼卵、かまぼこ（白身魚）

7　豆類（小豆や茹でたジマメ）

8　紅白の自然イモ（こしゃまん）[5)]

現在のおせち料理

年中行事

奄美における年中行事（地域によっても祭の様式が多少異なる）。

1月1日、元旦。暁明には若水と称し初水を汲み祖先の仏前に捧げ、子供は若水にて書初めをして、これを吉書として仏前に捧げる。お正月の清福祈願をなす。

1月2日、新築祝、金山祝（鍛冶屋祝）、大工祝、船祝等がある。

1月7日、七草粥（ナンカンジョセ）。当年7歳の子供の無病息災と成長祈願で、隣家7軒の親類知己を回り、七草粥を頂く。

1月14日、十四日正月。桃や榎の小枝に指頭大の三色の赤、白、緑の餅をつけ、家の中や墓前に供え、家族の安泰や祖先供養しまた五穀豊穣を予祝する。

1月16日、祖先正月。墓参をして、墓前にて酒肴を持参して酒宴を開く。

3月3日、節句（桃の節句）。蓬餅を作り祖先に供え親族知己へ贈る。家の軒端に蓬を挿し魔よけとする。

4月、青葉を屋内に採り入れるのを忌む、その年に死人のあった家庭は終日屋外に出ない。虫けらし、稲につく害虫払い。

5月5日、節句（端午の節句）。軒端に菖蒲や蓬を挿し悪魔を払う。ハサマキ、ササマキ（米を浸して、よし（デーク）の葉に三角型に包み蒸したもの）を先祖に供え、親類知己へ贈る。

6月、始給米。旧6月中カノエ子の日を定めて、初穂三本を抜いてきて、先祖の位牌に供える。老若男女が晴着を着て酒肴を携えて一定の場所に集い、酒宴や闘牛、相撲、唄と踊りなどがある。

6月、タモリ。先祖に御前を供える。

7月7日、七夕祭。朝露で墨をすり、和歌や訓言を書いた五色の短冊を青竹につけ、学問向上や夢の成就を願う。

7月、浜下り。「ツチノト」の日「カノエ（庚）」の日に三十三年忌以上の高祖祭。並びに当年誕生の子供の成長祈願である。

家族が浜下り衣として新調の晴衣を着て、昼食や酒肴を携え浜に下り、一定の場所（往昔より浜下り岩と称し近親を一圏とする割拠所）に集まって岩祭りをする。闘牛、相撲、唄と踊り等が行われる。

浜下りは、地域の年中行事として高祖祭（祖先）と当年に誕生した子供の成長祈願の祭りである。お盆や正月と並んで盛大に行われ、重箱料理を準備して地域の浜辺に下り、お祝いの宴を開く。誕生した幼子が初めて海水に足を浸し成長祈願をして祝福をうける。

初めて海水に足を浸す

浜下り・笠利町土盛浜・
「奄美歌掛け文化保存会」

7月（旧13日～15日）、お盆。祖霊の慰霊祭、精進料理は十二支にない肉類の豚、魚類を使用。

8月15日、十五夜。正月や浜下りと並んで盛大に行われ、酒宴の傍ら闘牛、相撲、唄と踊等が行われる。

8月、三八月（ミハチグワツ）。8月第1の丙の日を「アラセツ」（収穫感謝の豊年祭と来年の豊作祈願）、これより中7日目の甲子（キノエネ）を「シバサシ」、この後の甲子日を「ドンガ」（先祖祭）と称し、先祖へお膳を供え、先祖崇拝で墓参をする。

9月9日、古人は衣替えの節句とした。

9月下旬、親種子浸け。午、卯、酉の日を選んで餅米の種子を浸ける。農作祈願に米団子を作り先祖の位牌に供え近親に配る。

伊仙地域では、子供たちが「イッサンサン」と歌い回って、団子を貰う。

トリマデ（宿迷）。徳之島における家畜の祈願祭で、歳月日柄を占って決める。暁に全家族が一日分の食料、炊事道具を携え終日海岸にて遊び、夕刻に酒宴を張り帰宅する。現在は行われていない。

12月、大晦日。力飯と称して硬飯を炊いて椎の木製の大箸を以って一同会食する。年重ね餅を御前に供えてこれを親族知己へ贈る。

代表的な三大遊興日は、始給米、浜下り、十五夜である。この他に各種祝事に出産祝、婚礼祝、新築祝、年の祝、船出三日祝など。娯楽行事として、闘牛、相撲、八月踊り等がある。

浜下り料理　笠利地域の事例

重箱料理 一の重

1　魚のから揚げ（赤ウルメ、白ウルメ）

2　卵（厚焼き）

3　肉の煮付け（豚三枚肉、黒糖）

4　魚介類塩茹（貝、エビ）

5　天ぷら（魚、人参、ジマメ）

重箱料理 二の重

1　煮物（豚肉、大根、蕗、人参、筍）

2　昆布巻き（魚、豚肉、昆布）

3　豚煮（豚肉、しょうが、ねぎ）

4　赤飯（島小豆、米）

5　味噌漬（魚、イカ、ジマメ、イギス）

重箱料理 三の重

1　餅菓子類

2　焼酎

浜下り郷土料理の献立

1　キビナゴの天ぷら

2　アザミの天ぷら

3　サツマイモの天ぷら

4　島魚のから揚げ

5　油ゾウメン

6　卵焼き

7　豚骨の塩煮

8　アザミの煮物

9　里芋の塩煮

10　ツバサ（ツワブキ）と切り干し大根の煮物

11　タナガ（川エビ）の塩茹で

12　カシャ餅

13　舟焼き

14　ふくれ菓子

15　揚げ餅

【浜下り郷土料理の作り方】

キビナゴの天ぷら

1　キビナゴの水気をふき取る。

2　1に粉をまぶす。

3　2を、本だしの粉末を入れた天ぷらの衣にまぶす。

4　180℃の油でサクッと揚げる。

アザミの天ぷら

1　アザミはあくが強いので一晩水に漬けておく。

2　軽く歯ごたえが残る程度にボイルする。

3　食べやすく5cmぐらいの長さにカットする。

4　6本ずつかき揚げの要領で天ぷら衣をまぶし揚げる。

サツマイモの天ぷら

1　1cmの厚さにスライスする。

2　打ち粉（天ぷらの衣が絡みやすいように粉をまぶす）をする。

3　2を揚げる。

島魚の素揚げ

1　魚は、切り身。

2　片栗粉をまぶす。

3　キツネ色に揚げる。

油ゾウメン

1　鍋に油を入れ、煮干しを炒める。

2　1に少し水をいれてだし汁をつくる。

3　茹でたソウメンをいれ、だしとしっかり絡めながら炒める。

4　仕上げにニラをいれ、しんなりしたら火を止める。

卵焼き

1　卵に塩、本だし、水、薄口醤油で味付けをする。

2　だし巻きの要領で仕上げる

豚骨の塩煮

1　豚骨を湯通しする（アクを取り除くため）。

2　豚骨が柔らかくなるまで、2時間くらい煮る。

3　半分まで煮詰まったら、本だし、塩、薄口で味付けする。

アザミの煮物

1　アザミは一晩水につけあく抜きをした後、茹でる。

2　煮干しを油で炒める。

3　鰹だし、ミリン、薄口醤油、濃口醤油と2を加え味を整えて、1時間煮込む。

4　歯ごたえが残る程度が美味しくなる。

里芋の塩煮

1　塩と砂糖を少々入れる。

2　塩加減をする。

3　煮込む。

ツバサ（ツワブキ）と切り干し大根の煮物

1　ツバサを一晩水につけあく抜きをした後、茹でる。

2　切り干し大根は、一晩水に浸す。

3　煮干しを油で炒める。

4　3に鰹だし、ミリン、薄口醤油、濃口醤油と1、2を加える。

5　1時間30分ぐらい煮込む。

エビ（タナガ）の塩煮

1　タナガは、塩水で洗い、アクを取る。

2　海水の塩分と同じくらいの塩水で茹でる。

カシャ餅

1　ヨモギを茹でる。
2　1をすり鉢で、細かくくだく。
3　餅粉と砂糖を混ぜ合わせ練る。
4　サネンの葉（カシャの葉）に包む。
5　蒸し器で1時間程度蒸す。

舟焼き餅

1　黒糖粉、上餅粉、はったい粉、薄力粉、水、卵、ソーダを混ぜ合わせる。
2　少し柔らかめにして、弱火でゆっくり、フライパンで片面だけ焼き上げる。
3　火が入ったら2回折り曲げる。
4　船の形になるように斜めにきる。

ふくれ菓子

1　黒糖粉、強力粉、卵、蜂蜜、酢、ソーダを混ぜ合わせる。
2　ダマが残らないように。
3　布を蒸し器に敷いて、材料を入れふたをする。
4　強火で40分蒸す。ふくれあがっていたら出来上がり。

揚げ餅

1　サツマイモを蒸し器にかける。
2　柔らかくなったら、裏ごしする。
3　じょうしん粉、塩、砂糖を混ぜる。
4　細長く丸めて油でキツネ色に揚げる[6)]。

伊仙地域の年間行事と郷土料理

1月　正月

正月料理食材として、12月に豚をつぶし、保存食として塩漬けにする。正月から5月頃まで利用する。かずの子は、乾燥保存食材が本土から移入されている。

正月料理の献立

豚骨料理、天ぷら、自然芋（こうしゃまん）の煮物、揚げ豆腐、かまぼこ、昆布、吸い物（豚肉入り雑煮）、酢の物（大根・人参）、かずの子、煮豆を「とんだう」に盛り付ける[7]。

【作り方】

1　豚肉は塩茹でして2～3cmの厚さに切る。

2　昆布は一重結び、塩、醤油で煮る。

3　自然芋は、使う10日前頃に掘っておいて、茹でる。

4　時には煮崩れを防ぐために布に包んで茹で、冷ましてから輪切りにして塩をふる。

5　かきもち、餅が柔らかいうちに薄めに切り乾燥させておき、油で揚げる。

6　いぶし豆腐は、豆腐を薄く切り、乾かして網で焼く。

1月　年の祝

正月の3日内に、61歳・73歳・85歳・88歳・99歳の年齢の人を祝う。

祝い料理・五ッ組

1　吸い物（魚）

2　吸い物（鶏肉・シブリ・生姜）

3　餅

4　さしみ

5　煮物（豚肉・豆腐・昆布）を「すずりぶた」に盛り付ける。[8]

※ 盛り付け方　上に5、4、中央に3、下に2、1を並べる。

1月　祖先祭り

祖先祭りは先祖のための正月で、墓正月ともいわれ、昔は1月16日、現在は1月4日に、郷土食材を重箱に詰めて墓に供えて祖先を祭り、そのあとに一族で故人を偲びながら食べる。

西犬田布地域においては、「かまもり」と呼称し、年の祝い、祖先祭りの後に歌い踊り楽しみながら各家を回り、絆を強めている。

祖先祭り重箱料理

1　豚肉煮
2　天ぷら
3　揚げ豆腐
4　煮付け（大根・人参・ゴボウ）
5　卵焼き
6　昆布・こんにゃく
7　焼魚

1月　七草（七品雑炊）

その年に7歳になった子供の御祝い、子供は晴着でお盆にお椀をのせて、7軒の家を回り、七品雑炊をもらい歩く。

【七草の材料】米、水、豚骨、フル（ニンニク）、大根・大根葉、人参、白菜、春菊、味噌

【作り方】

1　豚骨は酢または米を少し入れて茹でると、食べる時に歯切れがよい。
2　野菜は細かく切る。お粥を炊き、豚骨、大根、人参を入れ煮て、最後に青野菜を入れ、味噌を加える。

1月　子供正月（われ正月）

1月16日に子供たちが、重箱料理を持ち寄って、浜や丘などで祝う（現在は行われていない）。

重箱料理

1　天ぷら

2　揚げモチ

3　サタ豆

4　甘酒

1月　あま正月

行事で働いた母親の労をねぎらい、ゆっくり楽しんで過ごす日。

料理

天ぷら

揚げ物

サタ豆

焼　酎

3月　ひな祭り

ひな祭りには、ヨモギ餅をこしらえ、三個お盆にのせて親戚の家にお供えに行く。また、ヨモギと百合の花を床の間、墓に活ける。

ヨモギ餅

【材料】ヨモギ、もち米粉、黒糖、カタクリ粉

【作り方】

1　ヨモギは茹でて水にさらしてから絞る。

2　黒糖は細かく砕く。

3　ヨモギ・もち米粉・黒糖を臼でよくこねる。

4　蒸篭で蒸す。

5　カタクリ粉をしいた上で、まるくまる餅にする。

4月　しぃみち祝い

黒糖の製造が終わると、仕事仲間でキビ畑小屋（さたやーどぉり）での慰労会は楽しみの一つである。

料理

雑炊（どぉすい）

ソウメン炒め（あんばソウメン）を作り食べた。

5月　節句

節句には、菖蒲とヨモギを床の間、軒下、物置に魔除けとしてさした。ささまきをこしらえて、五つをお盆にのせて親戚の家にお供えに行く。ささまき、ふくらしもちを作る。

ささまき

【材料】もち米かうるち米、サネンの葉

【作り方】

1　米は一晩水につけておいたものを水切りする。

2　米を三角、あるいは四角に包み蒸す。

8月　始給米（しゅきゅま）

日常は、お粥を食べているが、新米が収穫されると、各家庭ではご飯を炊いて先祖に供えた。

8月　浜下り（はまうり）

浜下りは、一族が浜に集い、豊作感謝をこめて新米を炊いて、海の神様に供える儀礼と、一年間に誕生した子供の無病息災の祈願を行う。子供に初めて波打ち際で海水に足をつけさせて健康を祈願する。

各家庭が二品の重箱料理を持ち寄り、何十もの重箱料理を皆で頂く。

浜下り料理献立

新米のおにぎり（かしきはつ）

米の団子

天ぷら（いも、魚、野菜）

サタ豆（ジマメ・黒糖）

揚げ豆腐

野菜煮付け

卵焼き

8月　お盆

本家に分家一同が集う。それぞれが御仏前に持参した品を供える。

13日夜　お茶、かた菓子、焼酎、酒の肴。

14日朝　お茶、かた菓子、お粥、おつゆ、漬物。

　　昼　ソウメンの吸い物。

夜　五つ組、ご飯、吸い物、さしみ、煮物、漬物。

15日朝　14日と同じ。

昼　おとし入れ（お盆団子）。

夜　14日と同じ。

おはしは、はぎを使用する。

お盆団子

【材料】もち米粉、うるち粉、お湯

【作り方】

1　もち米粉とうるち粉を混ぜなら、お湯を少しずつ加え耳たぶくらいの柔らかさにねる。

2　蒸し器に布巾を敷き、適当な大きさにちぎり25分蒸す。

3　蒸したものを2cm直径に丸める。

9月　豊年祭り

豊年祭りの名称は地区によって異なり、あきむち、イッサンサン、ドンドン節と呼称している。おにぎり、米の粉もちなどを作る。

十五夜

十五夜には、縁側や庭に席を作り、団子や餅、御馳走をお月様に供え、家族で月見をしながら食べる。

12月　どぅんが

先祖の年忘れ、どぅんがの翌日の昼には、五っ組を作り祖先に供える。料理は祖先祭り重箱料理の内容と同じ。お箸は、わらを使用する。

重箱料理

豚肉煮

天ぷら

揚げ豆腐

煮付け（大根・人参・ゴボウ）

卵焼き

昆布・こんにゃく

焼魚

12月　大晦日

大晦日の夜は、暮れにつぶした豚をフル（ニンニク）と炒めて食べる。

すずりぶた

祝いと法事の料理

豚肉、魚、揚げ豆腐、天ぷら、昆布、ふくらしモチを「すずりぶた」に盛り付ける[8]。料理の品数は、祝いの時は奇数、法事の時は偶数と決められていた。

【材料】豚肉、魚、揚げ豆腐、天ぷら、昆布、蒲鉾、ふくらしもち、ジマメ、かきもち、自然芋

【作り方】

1　豚肉は塩茹でにする。

2　魚は煮付けか、から揚げにする。

3　揚げ豆腐はうすく塩茹でにする。

※　三十三年忌の時には、豆腐に卵黄をぬって焼く。

4　昆布は形を整えて塩茹でにする。

※　祝いの時は一重結び、法事の時はねじり、数 cm 切れ目を入れる。

5　ジマメは、殻つきを塩茹でする。[9]

与論島（ゆんぬ）の年中行事と食文化

与論島は、伝統的な古式豊かな独自の年中行事と食文化がある。

12 月末日、1 年間のしめとして、つつがなく過ごせたことに感謝をこめて、お供えをする。

昼食には、刺身と豚肉ミシジマイを供える。

【材料】米、油、豚肉、みりん、玉ネギ、水、人参、小ネギ、濃口醤油

【作り方】材料を合わせて炊きこむ。

夕食には、煮物、ご飯、お汁を供える。

【材料】豚三枚肉、昆布、人参、大根、ネギ、白菜

【作り方】人参と大根は厚切りにする。昆布も大きめに結び煮込む。

正月（1 月 1 日）供え物一式

床の間には、しめ縄・飾り餅・お吸い物膳・足付膳が供えられる。

しめ縄は 1 m くらいの長さに藁で編み込み、木炭・昆布（焼いたもの、焼くことによりけがれをよせつけない）・干し魚・フル（ニンニク）丸ごと・人参・サツマイモ・ミカン・大根 1 本・塩漬け豚三枚肉のかたまりを吊るし、床間中央の高い位置に左右をとめる。日常食べている物を供える。現在は門に昆布・木炭・ミカンを吊るして簡素にしている。

飾り餅は、大と小を 2 段重ね、上に橙を載せて、しめ縄の下の位置、床の間中央に飾る。その前左側にお吸い物膳、右側に足付膳を供える。

足付膳には、いっちぃー（御神酒）が膳の両側、中央に煮物（昆布・イカ）、塩が盛られ、手前の両側に杯が並べられる。

お吸い物膳は、昆布・蒲鉾・ネギ・豚肉・人参・椎茸・海老など具沢山である。

正月の朝は、家族全員そろって神様に 1 年の無事をお祈りし、いっちぃー（御神酒）を頂きながら、それぞれが 1 年の計画と抱負をお伝えする。その後、全員でお吸い物を頂き、年始回りに出かける。

1 月 7 日、ナヌカヌシュク

ミシジマイと刺身

【材料】米、油、豚肉、みりん、玉ネギ、水、人参、醤油、小ネギ

1月15日、ミャンチクー

ウンニーマイと刺身

【材料】サツマイモ、餅、黒糖

【作り方】

1　サツマイモを煮る。

2　正月のお供え餅を水に浸しておき、軟らかく煮て小さくちぎる。

3　1と2をよくつぶし、黒糖を入れる。

4　ウンニーマイの出来上がり。

3月3日、女の子の節句

プチムッチャー（ヨモギ餅のこと）をつくる。

5月5日、男の子の節句

家の四角や男の子の耳に菖蒲をさして、丈夫に育つように祈願する。

【材料】ヨモギ、モチ粉、黒糖

【作り方】

1　ヨモギを茹でる。

2　1とモチの粉と黒糖を混ぜてつく。

3　2を蒸す。

旧暦7月　シニュグ

豊年、やくばらい、虫払いのための旗を用意する。

旗は、竹に白布（サラシ）を巻いて竿を立てる。旗元を先頭に氏子が並んで歩く。氏子の子供たちが氏子の家を「ウーベーハーベー」といいながら3回回り、お菓子や飲み物・お金を頂き皆で分ける。子供には楽しみの日である。

夕方に「一重一瓶」を持参して集い、豊年祭典が行われる。

ミキ

【材料】米の粉、水

【作り方】米を粉にして、水で溶く。

ミキは、氏子たちが集い式典が行われるときに、参加者の無病息災のために飲ませる。

豊年祭・毎年旧3月15日、8月15日、10月15日の年3回

四季の豊かな実りを祈願して行う。各家では、庭でトゥンガムッチャーを作り、お月様に供える。

トゥンガムッチャー

【材料】モチ粉、小豆、緑豆

【作り方】

1　モチ粉をこねる。
2　熱湯の中に、1を団子にして入れ、茹でる
3　茹であがった団子に、茹でた小豆と緑豆を丁寧につけて、丸く形を整える。

8月　トゥートウ

地域の偉人の子孫の家で行われる。静粛な雰囲気の中で礼拝が繰り返し行われる。

祭り膳が左右に置かれる。左側の高膳には、ミカンの葉・線香立・水鉢、手前に御神酒・洗米（7回洗う）。右側の膳には、左右にミカンの葉・左右に煮物・手前に山盛りの米。

拝み方の作法、線香を3回立て替え、替えるたびに拝礼する。拝礼の時の唱え、「ミッケートゥイケーチ、イェーシャビュークトゥ、チュラウキトゥイシタバーリョウ」。意味は3回おしゃくしてあげますのでお受けとり下さい。

儀式が終わったら白紙にミカンの葉、料理と米少々を包み最後の線香と門まで送る。その後に後祝で各家から持参した「一重一瓶」をくみかわす。

儀式に用いられるミカンの葉は、消臭と清めである。

お盆　旧7月13・14・15日

お盆には家の床にいる神、墓の神（霊）、天の神（昇天した神）がひとつになり、子孫のもてなしを受けるといわれている。3日間、お酒・果物・かた菓子を供える。

1日目は、神様は早めにお帰りする。

2日目は、神々が分家した家へまわるために、先祖のまつられていない家も土地の神様に供える。

2日目は、子や孫の働きぶりをごらんになる。

3日目は、子や孫の働きぶりをみやげにお帰りになるので、早めに供える。

お供え物の献立

初日・7月13日

1　煮物（シブリ・昆布・人参・豆腐・魚）。
2　ご飯、茶碗に山盛りにする。
3　おにぎり、水子達のため。
4　なまし（ブダイ・モヤシ）。

2日目・7月14日
1　煮物（トゥチィブル・昆布・豆腐・魚）。
2　ご飯、茶碗に山盛りにする。
3　おにぎり。
4　なまし（魚・島ウリ）。

3日目・7月15日
1　煮物（里芋・昆布・豆腐・魚）。
2　ご飯、茶碗に山盛りにする。
3　おにぎり。
4　なまし（魚・モヤシ）。
※　野菜は、家庭で栽培したもの、魚は自分で釣ってきたものを供える。

歳の祝

歳の祝は、61歳、73歳、85歳、88～97歳に行い、97歳からは毎年お祝いをする。また、97歳になると13祝いに戻るという意味で、赤いちゃんちゃんこを着てお祝いをする。

健康と長寿に感謝して、お祝いをされる人を見守る神々にお礼として竹に飾りつけをする。飾りつけは、大鉢に御馳走を山盛りに盛り付けて、大鉢の中心に華やかなつくり花を立てる。つくり花には4種があり、それぞれが特徴をもっている。

つくり花の作り方

①竹の長さ50～70cm、左右に5本ぐらい竹で枝をつける。
②先端に人参、右枝に大根をつける。
③縦に細くさいた昆布を先端から焼豆腐までとどく長さに5～6本付け整えて、中央に神前飾りを立てる。
④大根かトゥチィブルを大きく切り、竹をさして安定する台にする。
⑤人参・大根葉、薄めに切り竹にさす。
⑥昆布は、細く長く、かずらおろしにする。

⑦祝い昆布は、7本、先端から下までたらす。

祝い鉢の飾り方

料理鉢は、次のように上側と手前に神前の飾りの間隔をとって2列に並べる。

上側、リンカク鉢・サシミ鉢・ユディㇺヌ鉢・ムイカキは高膳。

手前、トウカキ・スーマシ・ピムン・サーギヌサイ。

儀式の席の順序は、お祝いされる人の身近な人で、女性が先に座る。

リンカク鉢

【材料】焼豆腐

【作り方】

焼豆腐を大きく四角切りにし、大鉢に三段に積み上げる。

サシミ鉢

【材料】人参・大根・刺身

【作り方】

1　人参・大根は、千切りにして鉢にこんもり盛り付ける。

2　刺身を1の上に飾る。

ユディㇺヌ鉢

【材料】人参・大根・豚三枚肉

【作り方】

1　人参・大根は、大きめの長方形に切り、茹でる。

2　豚三枚肉は、丸ごと茹でて、厚く三角に切る。

ムイカキ

【材料】紅白モチ・ふくれ菓子・昆布・塩サバ・ソウメン・焼豆腐・豚肉、7品から9品

【作り方】高膳に、ふくれ菓子、紅白モチ、塩サバ、ソウメン（乾麺）、焼豆腐、昆布、豚肉を並べる。

※　ムイカキの品々は、神様がお祝いのしるしとして持ち帰るといわれている。儀式の後に参列者に記念として配っている。

ピムン

【材料】塩・昆布・イカ・干魚

【作り方】

1　大きめに切る。

2　塩を杯などで型をとり添える。

※　火を通すことで、けがれがつかないといわれ、病気、災難を清める意味がピムンには込められている。

法事

三十三年忌　懐かしい面影を偲んでおこなわれる。

【神前のつくり花の材料】ガジュマル・サカキ・ナンバシャ。

【作り方】

1　芭蕉を前もって切っておき、竹のはしでほぐして繊維質をとる。

2　ガジュマルの枝にサカキをつけ、サカキの上にナンバシャを結び長くたらす。

※　ナンバシャは、見守って下さる神々の神ギヌ（衣）の代わり。

料理鉢は、次のように上側と手前に、神前の飾りの間隔をとって２列に並べる。

上側、リンカク鉢・サシミ鉢・ユディムヌ鉢・ムイカキは高膳。

手前、御神酒・スーマシ・ピムン・ウチワ。

①お供えの料理は、歳の祝とほぼ同じであるが、サシミ鉢は、サバは丸ごと用い、つくり花を魚の口にくわえさせて立てる。

②神ギヌの膳は、フバ・タオル・神ギヌの順でおく。

③ムイカキは、白餅、昆布は鉢におくだけ、結んだり提げたりはしない。

④儀式が終了すると、関係者が神ギヌの膳を頭の上にのせて、フバを持ち、神前のかざり花をぬいて、踊り唱えながら門まで送る。

⑤唱え、パナヌ　ウイカラ　オーオギメーシウ　ファーリョー。意味は、お花の上からおどりながら、いらっしゃい。10)

与論島の料理の素材は、野菜は自分で栽培したもの、魚も自分で釣ってきたものを用いる。行事の材料に、日常生活に根付いた食文化がある。

先祖を尊び拝む姿勢は、歳の祝や法事などを通して身についていて、それが代々継承されている。

まれびと迎え

まれまれ　なきゃ拝でぃ
神の引き合わせで　なきゃば拝でぃ [11)]

奄美では、久しぶりに親しい客人を迎えた時は、「招福をもたらすまれびとが、神の引き合わせで訪れた」と歓迎の宴でもてなす。宴の席は、食材、作り方、味付け、盛り付けなどに地域の独自性がみられる郷土料理である。

徳之島・井之川の客迎え

与論島　まれ人迎えは地場の新鮮な魚料理専門店で、御馳走三昧。新鮮な海の幸が幾品にも調理され、テーブルに並べられた。鮮度のよさがいかされて美味しい。

瀬戸内町・古志　内海を前にした穏やかな地域である。山海の幸にも恵まれ、地場の食材を用いた郷土料理が、テーブルからこぼれそう。

伊仙町•崎原　農作物の豊富な地域で、採れたての食材を用いた山海の幸が盛り沢山、地域の誇る闘牛の話題で盛り上がる。

奄美市・名瀬　郷土料理の店は、地場の食材と味付けや調理法に特徴があり、盛り付けがダイナミックである。代表的郷土料理は、豚骨と切り干し大根やツワブキ、昆布と大きく切った煮物、赤ウルメの丸揚げ、茹でた貝など。観光客に人気がある。

喜界島・川嶺　島の山の方に位置し、農作物が豊富な地域である。それが郷土料理の食材にふんだんに用いられ、独自の味付けが美味しい。料理と八月踊りで歓迎してくれた。 12）

註

1)『奄美郷土史選集第１巻・徳之島小史』頁 75 より引用、一部分を補足した。

2)『奄美郷土史選集第１巻•更生の伊仙村史』頁 185、188 より引用、一部分を補足した。

3) 前掲、頁 185 より引用。

4)『奄美郷土史選集第１巻・更生の伊仙村史』頁 187 より引用。

5) 元旦の事例は、著者の家の慣習である。元旦の朝は父方の故郷の儀礼的なルールで、一年の計は元旦からと厳粛にとりおこなった。母は一年の一番の大散財で奮発をしていた。

6) 浜下りの料理は、笠利町土盛浜・ホテルコーラルパームスの協力による。

7)「とんだう」は、おせち料理を盛り付ける足つきの高膳で、盛り付ける料理の数は祝い事には奇数にする。

8)「すずりぶた」は、長方形や丸型の大きな入れ物に、料理を盛り付ける器のこと。

9)『故郷　はんしゃれの味』を参考にした。

10) 与論島は、行事の全てに代々伝承されたしきたりがあり、料理の種類や配膳まで古式豊かに行われる。

11) 奄美島唄の歌詞。久久ぶりに、あなたを拝顔できました。神様の引き合わせで、あなたを拝顔できたのです。

12) 写真は、著者が実態調査のおりに各地域のおもてなしを受けた時に撮影。

参考文献

坂井友直　復刻版『奄美郷土史選集・全２巻』国書刊行会、1992 年

名越佐源太著、国分直一・恵良宏校注『南島雑話』平凡社、1984 年

伊仙町生活改善グループ連絡研究会『故郷　はんしゃれの味』1987 年

伊仙町「特集・伊仙町の伝統文化、第１回ふり茶」『広報いせん』2012 年

ゆんぬ食文化同好会『食の歳時記』1998 年

本田碩孝編『郷土文化通信・第 21 号　特集・食の自分史覚書』郷土文化研究会、2015 年

三上絢子「研究ノート」

料理用道具

炊事場（台所）は、一家の神棚のお供えと家族の日々の食事、年中行事で食材の調理をする家の中心の役割を担う大事な場所である。

日常利用する料理道具

煮炊き鍋

煮炊き鍋は、あらゆる食材の煮炊きに自在に利用できるような形のもの（自在鍋）と、汁物用はとって付鍋（つる鍋）がある。

ふーなべ（大型鍋）は、蒸し器を乗せたり、沢山の食材を煮たりするときに用いる。日常食から行事用の餅つき味噌加工などに用いられる。鍋は鉄製で煮炊きに利便性が考慮されていて、何種類もの鍋を必要としない。

鍋の蓋

鍋の蓋は、竹といぐさを編み込んだ適度に通気性もあり、煮物、蒸し物の蓋として用いられる。鍋つかみも大小の鍋に使えるように工夫されて、炊事場の手の届く位置にさげられている。

自在鍋（ジゼー）

蓋

鍋つかみ

弦鍋（つるなべ）

大鍋

蒸し器の中

蒸し器

蒸し器の中敷き

飯籠

飯籠は、竹でしっかりと編まれ、蓋付で吊るすように長めの柄が付き、床に置いたときのために三カ所に足が付いている。風通しが良好で食材のいたみが防げる。天井から棒を吊して飯籠を下げると、食材の保存と猫やネズミから食材を守ることができる。食材は、焼魚や肉類、料理などいれておく。

飯籠（ムンカンメムン）

すり鉢

すり鉢は、ナリ味噌、粒味噌、豆類、だし用の煮干しを砕く、和え物、酢の物などに重宝している。

すり鉢（スィリバチ）・すり粉木

臼

臼は、餅、味噌、食材をつく・くだく・ねる、などに用いる。

臼・横杵（槌）（ウスィ・チチ）

行事用の料理道具

菓子型

菓子型は、主に行事のときの菓子加工に用いる。喜ばしい草花の型が彫られている。

菓子型

重箱

重箱は、年中行事１月の祖先祭りでは、墓正月に郷土食材を重箱に詰めて墓に供えて、一族で共食する。

浜下りは、一族が浜に集い豊作への祈りをこめて重箱料理をもちより、また、一年間に誕生した子供の無病息災の祈願を行う。御馳走を入れて持ち運ぶ機能性がある用具である。

重箱

重箱入れ

「すずりぶた」と「トンダフ」

「すずりぶた」と「トンダフ」は、行事に用いられる。

「すずりぶた」は、祝いと法事の料理を盛り付ける。料理の品数は、祝いの時は奇数、法事の時は偶数と決められていた。

すずりぶた

「トンダフ」は、おせち料理を盛り付ける足つきの高膳で、盛り付ける料理の数は、祝い事の際は奇数にする。

蓋付トンダフ・丸型

トンダフの蓋・蒔絵

トンダフの横・蒔絵

蓋付トンダフ・長方型　1)

伊仙町歴史民俗資料館によると「蒔絵の技法は古くは室町時代にさかのぼる。しかし、柏田家所蔵のこのドンダフは、唐山水の蒔絵で、大陸から直接伝来した蒔絵芸術である可能性が高い。珠を扱った技法は、大陸から沖縄の首里を中心に定着した蒔絵文化であり、この盆も湖面の松林をへだてた、楼閣はるかに点在し連なる島々は、遠くにかすみ、めずらしい蒔絵に遠近法が取り入れられた逸品である。2)」

ふり茶

ふり茶とは、玄米茶を茶桶（チャーウィー）に入れて、茶筅（竹製）で泡立たせ、茶桶をふることが由来。およそ40年以上前までは、各家庭で語らいながら気軽に飲まれていたお茶である。

ふり茶の作り方

1　やかんでお湯を沸かす。その水は、硬度250でマグネシウムとカルシウム含有量が高く、泡立ちには重要である。
2　玄米茶を小さな袋（晒）に1杯ずつ入れ、3袋を用意する。
3　3袋を急須に入れ、沸騰したお湯を注ぎ、10分ほど待つ。お茶を煮だすには、時間が短いと泡立ちにくい。
4　急須のお茶を茶桶（チャーウィー）に注ぎ入れ、竹製茶筅で泡立てる。細かい泡が立つことと、ほどよい飲み加減に、ふりさますことが大切。
5　充分に泡が立ったら湯呑に注ぐ。注ぐ時は桶をゆすって泡を入れるようにする。
6　お茶うけは、酢の物、はったい粉のお菓子。3)

竹製茶筅

茶桶（チャーウィー）

柄杓（ネィブ）　4)

本田碩孝氏は、「昔は年配者のいる家にはほとんどあった。旧暦5月頃から暑くなると、振茶を点てて飲んだ。」と記述している。5)

年中行事の全体を通してみると、奄美の年中行事は、各地域の独自の文化があり、それぞれの行事に人々の強い絆が見られる。また、行事の料理には、独自性のある地域の食材を用いている。奄美の海の幸、土の幸に恵まれた特質を大切にするためには、自然との共生を大切にし、環境の維持が欠かせない。

註

1）用具写真提供・伊仙町歴史民俗資料館。

2）蒔絵解説は、伊仙町歴史民俗資料館・資料から引用、一部分補足する。

3）伊仙町「特集・伊仙町の伝統文化、第１回ふり茶」『広報いせん』2012 を参考に補足した。

4）ふり茶用具・写真提供・伊仙町歴史民俗資料館。伊仙町歴史民俗資料館では、伝統文化の継承のために、ふり茶を伊仙町中央公民館で開催している。住民の「心の拠り所」である先人達から受け継がれた伝統文化を、次世代への遺産として子や孫の世代まで残していこうと住民に呼びかけている。

5）ふり茶について、本田碩孝編『食の自分史覚書』44 頁。

協力

伊仙町民俗資料館

食と農

身土不二を求めて

現代の食生活は、戦後の社会環境の著しい変化で、何時でも、どこででも、好きな食事ができる飽食時代といわれ、食生活に季節感をもたなくなり、外食、偏食、孤食と手軽で便利な食事の摂り方になっている。

食べるということは、生きるということであり、人の健康にも密接な関わりがあり、ほんとうに豊かな食材とは何か、食に対する再認識が求められている時代になっている。

「身土不二」とは、簡潔に表現すると、その土地で生産された物をそこで生活する人が食べることが健康維持につながるという教えである。

身土不二という語は、仏教に淵源をもっており、人の身体を支えている大地は土であり、この二つを切り離すことは不可能なことという意味である[1)]。

身土不二の「身」とは体、「土」とは風土・生産の基盤・環境、「不二」とは二つを分けることができない、一つであるという捉え方である。つまり、大地の地力と人の知恵によって、その地に生活する人々が、その環境に適応した食を摂ることが、健康維持には大事なのである。

食物は、鮮度が大切であり、作物の採りたては、つやつやしていて、それぞれの作物の香りを放ち、味覚がよい。そして、土地に適した作物を栽培し、夏は夏に穫れる旬のものを食べ、秋は秋に穫れるものを食べるという、土地の気候風土に適応した季節に穫れる物を食することで、つまり、土に従うことは、自然の原理と共生することでありそれが健康維持につながる。

『身土不二を考える―動物としてのヒトを見つめる』などの著書のある医学博士島田彰夫は、このような人の食べ物と地域と健康について、「ヒトは文化をもって人間として暮らします。人間の暮らしには動物としての基本的な暮らし方（基本型）と、人間が移住地の自然環境に応じて作り上げた、それぞれの民族や地域にあった特有の暮らし方（文化型）とが、あります。人間は栽培し、調理し、料理として食卓に並べ、一定の作法のもとで、家族や仲間と一諸に食事をします。栽培が可能な作物は、その地域の自然環境がどのような状態であるかによって決まってきます」2) と述べて、人間もまた自然の中に暮らす動物としてのヒトであり、そのことを基本として、文化を持つ人の暮らしを重ね合わせることが健康につながるという二つの側面から説明している。

つまり、風土に適した食材が、人の健康維持には密接な関わりがあり、その自然環境に添った暮らしが、健康には不可欠ということである。

縄文人は、自然環境と共生しながら、四季に合わせて狩猟、採集、漁労、採集（海浜）を行い、自然が育んだ多種多様な食材を確保して、暮らしていた。まさに、自然の中で、人が居住している地域、風土に適応した食生活を送っていた。縄文人の生活からは、人間の食のあり方の本質を再確認することができるであろう。

地産地消

自分たちの地域で生産された食料は、その地域で食べるのが新鮮でおいしく健康にもよい。この風土で生産された食と生活者の繋がりは、1960 年頃までは自然で当然のことであったが、作物を生産する田や畑は生活者の食から影を潜めて、身近なところでなくなり、隔たりができた。

1979 年頃になると、都市化によって人口は都市へ集中するようになる。それに伴い、都市部は大消費地になり、地方で生産された食料は遠距離の中央へも輸送される。一方、肥大化した都市の食料は、工業製品の輸出拡大の見返りに、関税を次々と撤廃された輸入食材が幅を利かすようになっている。

野菜、穀物、食肉、魚介類などが、およそ 5300 万トン輸入されて、大都市で消費されている。国内の食料自給率は 40%で 6 割を海外から輸入をしている状態である。

現代の食は、様々な問題が発生している。化学肥料や農薬の使用、遺伝子組み換え作物、食品添加物、偽装食品問題などである。

その結果、消費者は健康や安全を求め、農村の直売所へ出向く姿もよく見られるようになっている。そこでは新鮮で美味しい地元の野菜・果物を入手できる。

1990 年世界農林業センサス以降の定義において、農家、農家以外の農業事業体、農業サービス事業体、土地持ち非農家に分類されている。農家はさらに、販売農家（主業農家、準主業農家、副業的農家、専業農家、兼業農家、第 1 種兼業農家、第 2 種兼業農家）、自給的農家に分けられている。自給的農家は、経営耕地面積が 30a 未満かつ農産物販売金額が年間 50 万円未満の農家である。

地域の直売所には、このような自給的農家が自由な立場で生産して、運営しているものが多い。

自然の中で育った旬の野菜は、栄養も豊富で生命力が強い。生活している土地の気候風土に適応した作物を旬の時期に食べることが、健康によい身土不二の食生活となる。

奄美の直売所の事例

笠利町和野の「味の郷　かさり」は、農家の女性たちが生活研究を目的として活動していたのが始まりである。3 グループあったが、その後、それらが、一つになった。

2002 年 12 月に再編して、笠利町の農と食の持続をモットーに生産品の製造加工と販売、郷土料理などの食文化の伝承に取り組んでいる。

この直売所は、笠利町和野の正本農園所有の家を借りて立ち上げ、加工施設は笠利町農村環境改善センターを活用している。製品の加工部門と販売部門の直売所の部門に分けて、地域の農家との綿密な連携によって、温もりのある心のこもった顔の見える活動を心がけた経営を展開している。

活動の目的は、笠利町の特質を活かした農産物の加工、開発と研究、伝統郷土料理などの食文化の伝承に取り組み、これらを地域活性化に生かすことである。研究開発した加工品を販売活動につなげて、消費者に安心と安全な、「ふる里の手づくりの味」を提供する。消費者と交流を保ちながら、生産者の所得向上に繋げ、働く女性たちの経済的な自立と地位向上にも努めている。

経営の形態は、会員数 11 名の集団経営で、資本金は個人出資額一人当たり 5 万円で、2002 年 12 月に発足した。

役員構成は、役員 5 名を会員から選出する。内訳は代表 1 名、副会長 1 名、書記 1 名、会計 1 名、広報 1 名で、運営が円滑に展開できるように組まれている。

直売所で取り扱っている農産物、および加工品一覧

農産物　トゥチィブル、シブリ、サツマイモ、里芋、キュウリ、ナブラ（ヘチマ）、フル（ニンニク）、トマト、島あずき。

果物　タンカン、スモモ、パッションフルーツ、パパイヤ、マンゴ、島バナナ、ドラゴンフルーツ。

発酵品　ナリ（ソテツ）味噌、豆味噌。

餅・菓子類　ふくらかん、かしゃ餅、ごまだんご、よもぎだんご、じょうひ餅、らく

がん、ドーナツ、舟焼き、いもロール、タンカンかりんとう、黒糖豆。

加工品　黒糖、ツワの佃煮、すのり、パパイヤ漬け、いぎす漬け、ドレッシング（ゴマ、トマト、タンカン）。

飲料品　ミキ、タンカンジュース、パッションフルーツジュース、スモモジュース。

その他　花、苗もの、海藻。

2010年と2012年に、著者は複数の研究者と共に、笠利町和野の直売所の実態調査を行った。自然な環境の中の素朴な店構え、一歩入ると新鮮な島キュウリやバナナ、手づくりのミキ、ドーナツ、かしゃ餅など、所狭しとばかりに並べられている。曲がったキュウリや加工品が新鮮な香りをはなち、鮮度の良さがわかる。

直売所は、夏と冬に「ふるさと便」を企画している。地元の人々が都会の親戚、知人にふる里の食文化の詰め合わせセットを発送するシステムで、ヒット商品となている。また、学校給食の食材供給や、島内外の物産展へも参加している。

「食育基本法」が制定される2005年より前の2002年に、奄美笠利町の直売所は立ち上がっている。それ以前は、集落の道端に小さな掘立小屋を建て、穫りたての農産物を並べていた。設置された箱に、お金を入れる無人のシステムであったが、お金を入れず持ち去る人も多く見られた。他の集落も同様の問題に困っていたという。そこで、丹念に栽培した農家にやりがいと、少しでも収入が入るようにとのことで、笠利町節田集落出身の大山美智子氏は直売所開設に着手したのである。

大山美智子氏との対談

三上　直売所を立ち上げた動機について聞かせて下さい。

大山　笠利の集落に無人販売所が14カ所ありました。農家では安くて新鮮なものを置くのですが、箱にお金が入っていないのです。

三上　それは、理不尽ですね。

大山　私たち女性起業研究グループが、困っている農家にきちんと収入を得てほしいと考え、無人販売所の農家を1軒1軒回って、連携して直売所を立ち上げようと、呼びかけたのです。

三上　農家の数は、

大山　現在は140軒余ですね。

三上　全ての農家を回ったのですか。

大山　はい、生産している農作物の収穫時期や季節など、細かく対話致しました。農家も喜んでくれましたよ。

三上　生産品の種類はどのぐらいですか。

大山　120 種類ありますね。

三上　直売所は畑が見えて農家に近くていいですね。

大山　はい、朝採りの新鮮なものがほとんど。品揃えも豊富です。

三上　旬のものも扱うのですね。

大山　農産物で季節がわかりますね。

三上　奄美市内からも購入にみえるようですね。

大山　新聞などがよく取り上げて、紹介記事を書いてくれます。

三上　これからの展望は。

大山　農家の方々と栽培検討会を行い、対話を通して絆を強めています。私たちも年配者から学ぶことがたくさんあり、勉強になります。

三上　貴重な関係ですね。

大山　農家の方々は健康にもいいと喜ばれ、お互いに感謝しながら維持しています。学校給食用、病院、ホテル、老健施設などから食材の注文があり、旬の物を納めています。また、伝統的な郷土料理の作り方を、学校で生徒に指導しています。

三上　各方面の要望に対応しているのですね。

大山　私も直売所の立ち上げから、12 年間、代表を担いましたので、2 代目代表は、吉田茂子に交替いたしました。宜しく引き立てて下さい。

三上　ありがとうございます。頑張って地域に貢献してください。

註

1)「身土不二の探究」の著書の中で､「人間の体､すなわち「身」と､そこの「土」は「不二」､二つではなく一体である」と述べている。

2)「伝統食の復権」18 頁、「ヒトの生活の型とは」、から抜粋。

参考文献

山下惣一『身土不二の探究』創森社、1998 年

波多野毅『医食農　同源の論理』南方新社、2004 年

『食と農の原点　有機農業から未来へ』特定非営利活動法人日本有機農業研究会、2008

年
島田彰夫『伝統食の復権』東洋経済新報社、2000 年
江原絢子・石川尚子編著『日本の食文化』アイ・ケイ・コーポレーション、2009 年
マリオン・ネッスル、久保田裕子、廣瀬珠子『食の安全』岩波書店、2009 年
三上絢子「研究ノート」

ソテツ・左はオス、右はメスで丸く白っぽい部分に赤い実をつける。その実を加工して、戦後の食料不足の時期は粥にして食べ、味噌（ナリ味噌）の材料に用いた。戦前にソテツの葉は輸出されていた。

あとがき

現代は、いつでも、どこでも、欲しい食材が入手でき、季節の旬を知らせる食材が何なのか、なかなか分かりにくい時代である。また食卓は、国際色あふれる食材と食品で、一見豊かな食生活に見える一方で、輸入食品への警戒感は高まっている。こうした結果、体にいい自然食材を求める傾向が、近年ますます強くなっているように考えられる。

歴史のサイクルは、一回りして原点にもどるといわれるが、現在がその時代の過渡期にあるものと考える。「地方創生」「ふるさと」といった言葉が盛んに使われ、原点を模索する昨今である。また、食に関わる政策として、「食育」の推進がなされ、これは即ち、身土不二、医食同源の推進にほかならないのである。

本著の中で特に強調しておきたい点は、健康志向が高まっている現在、伝統的な郷土料理から自然を感じ取ることで、現在社会が抱える問題を再認識する事ができるのではないかということである。

本著発刊にあたり、奄美の直売所「味の郷・かさり」からは、新鮮な作物をクール便で度々発送して頂き、著者自身の五感で鮮明に記憶している郷土料理を調理することができた。感謝申し上げる。

また、実態調査では、体験者からの聞き取り、現地案内を頂き、さらに、調査にあたり温かい協力を惜しみなく差し伸べてくれた各地域の方々に改めて深謝を申し上げたい。

本著発刊にあたり、毎回なみなみならぬ協力を惜しみなく頂き、南方新社の向原社長には、衷心より感謝している。

著者

住用・マングローブ

◆著者紹介

三上絢子（みかみ あやこ）（旧姓・坂井）

1937年、奄美市生まれ。大島高校卒業。國學院大學卒業。國學院大學大学院経済学研究科博士課程前期修了、國學院大學大学院日本文学研究科博士課程後期単位取得満期修了。現在、法政大学沖縄文化研究所特別研究員、沖縄国際大学南島文化研究所特別研究員。経済学博士。1992年、亡父坂井友直の遺した著書をまとめて『奄美郷土史選集』全2巻を発刊。「奄美歌掛け文化保存会」を奄美にて立ち上げ、現在同顧問も務める。著書『奄美の歌掛け集成』『米国軍政下の奄美・沖縄経済』編著書『奄美諸島の諺集成』。論文「奄美の儀礼的シマ歌にみる地域性」他多数。

奄美の長寿料理 —手しおにかけた伝統食—

発行日　2016年 10月20日 第1刷発行

著者　三上絢子

発行者　向原祥隆

ブックデザイン　オーガニックデザイン

発行所　株式会社　南方新社
〒892-0873　鹿児島市下田町292-1
電話　099-248-5455
振替　02070-3-27929
URL http://www.nanpou.com/
e-mail info@nanpou.com

印刷・製本　朝日印刷株式会社
定価はカバーに表示しています
乱丁・落丁はお取り替えします
ISBN978-4-86124-344-8 C2077